中国畜产品生产及消费趋势研究报告

马 莹 马 闯 主编

中国农业科学技术出版社

图书在版编目（CIP）数据

中国畜产品生产及消费趋势研究报告 / 马莹，马闯主编. —北京：
中国农业科学技术出版社，2020.8

ISBN 978-7-5116-4897-6

Ⅰ.①中… Ⅱ.①马… ②马… Ⅲ.①畜产品生产—研究报告—中国
②畜产品—消费趋势—研究报告—中国 Ⅳ.①S817.2 ②F326.3

中国版本图书馆 CIP 数据核字（2020）第 141661 号

责任编辑　朱　绯
责任校对　李向荣

出 版 者　中国农业科学技术出版社
　　　　　北京市中关村南大街12号　　邮编：100081
电　　话　（010）82106626（编辑室）　（010）82109702（发行部）
　　　　　（010）82109709（读者服务部）
传　　真　（010）82106626
网　　址　http：// www.castp.cn
经 销 者　各地新华书店
印 刷 者　北京科信印刷有限公司
开　　本　787mm×1 092mm　1/16
印　　张　7
字　　数　157千字
版　　次　2020年8月第1版　　2020年8月第1次印刷
定　　价　120.00元

《中国畜产品生产及消费趋势研究报告》

编 委 会

主 任 委 员　秦玉昌

副主任委员　孔平涛　马　莹　张军民　文　杰　侯水生

编 写 人 员

主　　　编　马　莹　马　闯

编　　　者　卜登攀　马　莹　马　闯　孔　燕　王立贤

朱晓娟　朱增勇　孙　岩　李　晶　柳晓峰

郑麦青　赵　楠　相　慧　顾立伟　浦　华

韩　斐　潘巧莲

免责声明

本报告引用的数据和资料来源于已公开的资料或信息，亦包括市场调研和预测数据，但本报告不保证该信息及资料的完整性、准确性。本报告所载的信息、资料、建议及预测仅反映本研究小组对于本报告发布当前的判断。在不同时期，本研究小组可能撰写并发布与本报告所载资料、建议及预测不一致的信息。

本研究小组不保证本报告所含信息及资料保持在最新状态，本研究小组将随时补充、更新和修订有关信息及资料，但不保证及时公开发布。同时，本研究小组有权对本报告所含信息在不发出通知的情形下做出修改，请读者自行关注相应的更新或修改。如有需要，读者可进一步联系咨询。

报告中的分析与结论仅代表本研究小组观点，研究结果不作为投资依据，望能善加使用并审慎决策！对有关信息或问题有深入需求的，欢迎联系专项咨询服务。报告中评述版权归中国农业科学院北京畜牧兽医研究所及北京博亚和讯农牧技术有限公司所有，未经许可，不得抄袭或剪辑本文资料，不得转载、转发、发表！

报告撰写

中国农业科学院北京畜牧兽医研究所

北京博亚和讯农牧技术有限公司

国家畜牧科技创新联盟

本报告内容、图片等相关知识产权归

中国农业科学院北京畜牧兽医研究所及北京博亚和讯农牧技术有限公司所有

未经许可，本报告不得以任何形式进行复印、影印、转载和用于各种商业用途。

  中国是世界最大的畜产品生产国和消费国之一。根据相关统计数据，2018年中国肉类产量9 147万吨、进口量405万吨，均居世界第1位；蛋类产量3 128万吨，居世界第1位；奶类产量3 177万吨，居世界第6位，乳制品进口量折合原奶产量达1 713万吨，居世界第1位；据此测算，2018年中国的人均肉类表观消费量为67.8千克/年、人均蛋类表观消费量为22.4千克/年，人均奶类表观消费量为34.9千克/年。在人口基数巨大且不断增长的情况下，保持肉类、蛋类、奶类总产量和人均消费量快速增长，是我国畜牧业在改革开放40余年最大的成就。

  本研究以大量数据和事实为基础，遵循从宏观看微观、从历史看未来、从世界看中国的方法论，通过系统的研究分析和平行验证，全面建立了中国畜牧产业的基础数据体系，可为制定长远发展规划提供数据支撑；通过研究中国人均肉类、蛋类、奶类的表观消费量变化情况，并与典型国家/地区（美国、德国、日本、中国台湾地区）进行对标，综合考虑人口增长及老龄化、经济增长及城镇化、健康消费观念、环保及动物福利等因素的具体影响，在对未来中国人均肉类消费量、人均蛋类消费量、人均奶类消费量进行回归预测的基础上，结合非洲猪瘟疫情对畜牧业造成的重大影响、国内环境资源状况、国际市场形势及相关产品的进出口贸易等因素对预测结果进行了适当调整；根据畜产品消费变化趋势及国际贸易形势等，对未来中国的肉类、蛋类、奶类产量及贸易量以及变化趋势进行预测，对我国畜牧业的发展提出相关建议。

  通过研究发现：一是未来中国畜产品消费总体呈增长趋势。①到2030年之前，中国的人均肉类消费量总体将继续增长，但涨幅趋缓，最高或不超过80千克；受非洲猪瘟疫情影响，人均肉类消费量将呈现先降后增的变化趋势，其中人均猪肉消费量先降后增、人均禽肉消费量增速最快、人均牛羊肉消费量将保持基本稳定或略增趋势。②人均蛋类消费量将保持相对稳定，未来增长空间极为有限，2025年以后或稳定在24千克左右；蛋类消费方式和产品结构将会随市场形势发生变化，鲜蛋直接消费量会逐渐下降，而加工蛋或蛋制品消费量会逐渐增加；③人均奶类消费量未来仍有一定的提升空间，但国内奶类产量难以支撑消费需求的持续增长，仍将依赖进口。二是未来我国的肉类产量先降后增，蛋类产量、奶类产量将保持小幅增长趋势，牛羊肉和乳制品的进口依赖性较强。在肉类产品中，猪禽产品供应将以国内生产为主，进口量将随着国内产量增长而逐渐下降；由于国内生产供应不足，牛羊肉的供应将以进口作为重要补充；蛋类供应以国内生产为保障，蛋类产品将呈现多样化发展趋势；短期内，国内奶类产量仅能实现微幅增长，未来人均奶类消费量的增加将仍然依靠进口，预计未来乳制品净进口量将持续大幅增长。三是家禽业是平衡肉类和动物蛋白供需关系的关键产业，在未来畜产品生产和消费调节方面具有重要的战略地位。非洲猪瘟造成我国猪肉供应量大幅下降，家禽产业的重要战略地位凸显，一方面禽肉和蛋类可以有效补充动物蛋白消费需求，减缓畜产品进口对国内市场的冲击，保障"中国人的饭碗牢牢端在自己手中"；另一方面，对于降低肉类产品价格波动、稳定CPI具有积极作用。此外，发展家禽业还在环境保护、高效利用资源、促进消费者健康、应对人口老龄化以及向西北地区提供清真禽肉产品以平抑牛羊肉价格上涨带来的社会压力等诸多方面具有现实战略意义。

预计非洲猪瘟对我国畜牧业的影响将持续3~5年，这是我国畜牧业进行结构调整的机遇窗口期，强化稳定生猪生产，加速家禽业特别是水禽业发展，挖掘肉牛、肉羊产业及奶业的发展潜力，加速节粮型畜牧业发展，保障我国粮食及肉蛋奶消费供应安全。建议如下：一是建立"肉粮安天下"的畜牧业发展指导思想，创建对各个畜禽产业公平发展的大环境，改变我国畜牧业以猪为主的单极化发展模式，促成猪禽并重兼顾草食动物产业发展的产业结构。二是建立家禽产业西进发展战略，利用中亚、乌克兰、俄罗斯南部的资源及市场优势，把"一带一路"倡议落到实处；就地发展清真认证的肉鸡养殖和屠宰加工，既能带动西北地区的经济发展、稳定就业，缓解东部地区的生态压力，有利于加强草原生态保护，又可缓解牛羊肉供应不足的状况，对增进民族团结和社会稳定起到积极作用。三是推动实施家禽产品出口战略，以我国家禽产业深加工禽产品、水禽产品、羽绒产品等在国际市场上的竞争优势和领先地位为依托，充分发挥我国的畜产品生产和加工的综合优势，利用中外消费需求的差异，扩展互补型国际贸易。四是推广健康饮食方式和消费习惯，促进未来肉类消费结构优化，推动畜牧业供给侧改革、结构优化调整以及产业转型升级。

CONTENTS 目 录

绪 论

一、研究目的

本研究报告的目的，一是全面建立中国畜牧产业的细分数据体系，从而为制定长远发展规划提供数据支撑。由于国家统计局不公布禽肉产量，农业农村部虽然统计了禽肉产量，但没有细分产业的生产数据。博亚和讯于2009年创立家禽生产统计和产量预测系统，采用从上至下的计算方式，根据杂交配套的理论和生产标准，对白羽肉鸡、黄羽肉鸡、蛋鸡等细分产业数据进行测算和校正。本研究以博亚和讯的家禽统计和产量预测系统数据为基础结合国家肉鸡、蛋鸡、水禽、奶牛、肉牛等产业技术体系的数据和产业资料，整理出中国畜牧产业的细分产量数据、区域产量数据、领先公司的产量数据以及畜产品的进出口数据等，并计算出中国主要畜产品的人均表观消费量数据。最终建立全面的中国畜牧产业数据体系，为制定产业发展战略奠定基础。二是通过相关影响因素分析和对标研究，分析我国畜产品消费的趋势和量化指标。分析过程分为非洲猪瘟暴发之前和之后，首先根据非洲猪瘟暴发之前已经形成的消费发展特征，做出基本的发展趋势判断；再分析暴发之后，非洲猪瘟对我国主要畜产品生产、人均消费量和消费结构造成的具体影响。三是通过对畜牧业细分产业的具体分析，判断每个细分产业的增产潜力、发展瓶颈和解决方案，同时展望畜产品国际贸易，最终判断畜产品的总体供应量可否达到消费需求的数量和质量目标。

二、数据与信息来源

本报告的数据和信息主要来自国家统计局、农业农村部、国家海关总署、联合国粮农组织（FAO）、美国农业部以及博亚和讯自有数据库；部分参考了欧盟委员会农业和农村发展项目、世界银行和荷兰合作银行等国际机构以及国家水禽产业技术体系和中国畜牧业协会等国内机构发布的相关信息。但国家统计局、FAO、美国农业部等机构的数据与产业实际均存在一些差异，具体表现如下。

（1）国家统计局最新公布第三次农业普查结果，并修订了2007—2017年的畜产品产量数据，而FAO的数据尚未根据国家统计局第三次农业普查数据进行修订。国家统计局的数据中，没有禽肉统计数据，只能通过排除法推算，因而国内禽肉产量被严重低估，与行业组织和博亚和讯统计测算的数据有20%以上的差别。我国禽肉产业至少可以分成6个细分产业，包括白羽肉鸡、黄羽肉鸡、肉杂鸡、白羽肉鸭、肉用麻鸭和番鸭、肉鹅，缺少这些细分产业数据，对这些细分产业的发展缺乏指导意义。此外，国家统计局关于2016—2018年猪肉产量数据与市场价格走势不符，与行业测算数据有方向性的差别。

（2）FAO的数据库更新较慢，目前全球畜产品产量只更新到2017年（2018年以后只有部分主产国数据和全球预测数），畜产品贸易数据和食品消费数据最新只到2017年，数据及时性较差。其中，禽肉和禽蛋产量虽然细分到了鸡、鸭、鹅等产业，但关于中国的细分产业数据与生产实际有较大差异，与国内有关统计数据出入较大。FAO数据库的优势是涵盖联合国所有会员国的产量数据，可以作为分析全球畜产品生产、贸易和消费的基础。

（3）美国农业部数据库主要是使用GAIN报告，即针对主要畜产品生产国的生产、贸易和消费的发展趋势研究报告，重点是分国别的研究报告；世界家畜和家禽的生产和贸易报告，是收集世界主要生产国的生产、贸易数据，汇总成牛肉、猪肉和鸡肉3个品种的世界生产和贸易数据库和分析报告，但没有涵盖所有国家和所有畜产品种类；PSD数据库更加详尽地收集了世界主要畜产品生产国的生产、贸易、供应等数据，同样存在不能涵盖所有国家和所有品种的问题。

（4）博亚和讯数据库建立于2009年，通过建立数据库和计算模型，确定关键参数，计算生猪、白羽肉鸡、黄羽肉鸡、蛋鸡和肉鸭等的细分产业周度数据和年度汇总数据。同时收集猪禽市场价格、原料价格和畜禽生产性能表现等数据，测算猪禽生产成本和效益。该数据库既对当前生产供应状况有数据描述，又对未来产量变化有预测分析。数据库测算的数据采用与市场价格进行价量关系分析，与饲料消耗量的对比关系以及与其他行业组织的数据进行比对等方法进行验证。但数据库建立时间比较短，仅有11年的数据积累。

综合以上数据库的问题，本报告的数据处理采取了以下方法进行校正。

（1）全球畜产品产量数据，以FAO数据库为基础，用国家统计局第三次农业普查数据进行第一次校正；再用博亚和讯2016—2018年猪肉产量和2009—2018年禽肉产量进行第二次校正。得到2009—2018年全球畜产品生产数据。文中引用FAO统计数据，即为经过以上校正的数据。

（2）关于畜产品贸易数据，中国进出口畜产品数量和金额数据，完全使用国家海关总署公布的数据。全球畜产品贸易数据，包括牛肉、猪肉、鸡肉和乳制品，采用美国农业部PSD数据库的数据。

（3）关于畜产品消费的数据，来自联合国粮农组织，数据更新到2017年。在此基础上，对于典型国家或地区，采用人均表观消费量的方法进行标杆对比。此方法更突出横向对比和纵向的变化量，相对忽略数据的绝对准确。

第一章 我国居民的畜产品消费现状

我国是世界最大的畜产品生产国和消费国之一。根据FAO、国家统计局、农业农村部数据以及博亚和讯测算数据，2018年我国肉类产量达9 147万吨、进口量405万吨，均居世界第1位；蛋类产量3 128万吨，居世界第1位；奶类产量3 177万吨，居世界第6位，乳制品进口量折合原奶产量达1 713万吨，居世界第1位。

目前，我国人均肉类表观消费量为67.8千克/年、人均蛋类表观消费量为22.4千克/年，人均奶类表观消费量为34.9千克/年。在人口基数巨大并不断增长的情况下，保持肉类、蛋类、奶类总产量位居世界前列和人均消费量保持快速增长（表1-1至表1-4），是我国畜牧业在改革开放40多年来的重大成就。

表1-1 2018年肉类产量、进口量、出口量排名前12位的国家/地区 （单位：万吨）

排名	国家/地区	肉类产量	国家/地区	肉类进口量	国家/地区	肉类出口量
1	中国	9 147.5	中国	404.9	美国	804.7
2	欧盟	4 939.7	日本	372.1	巴西	694.6
3	美国	4 690.0	墨西哥	227.6	欧盟	513.1
4	巴西	2 754.7	美国	217.6	澳大利亚	210.6
5	俄罗斯	1 039.3	越南	159.8	加拿大	192.2
6	印度	744.2	韩国	150.5	印度	147.2
7	墨西哥	702.2	欧盟[①]	131.1	泰国	121.6
8	阿根廷	597.8	沙特阿拉伯	88.7	新西兰	103.8

① 欧盟肉类进口量、出口量，不包含欧盟内部各国家之间交易量

（续表）

排名	国家/地区	肉类产量	国家/地区	肉类进口量	国家/地区	肉类出口量
9	越南	525.1	俄罗斯	86.8	中国	86.6
10	加拿大	487.7	加拿大	77.2	阿根廷	75.4
11	澳大利亚	476.0	智利	68.5	土耳其	54.4
12	日本	402.7	南非	64.0	墨西哥	48.0
	其他国家	7 704.1	其他国家	1 046.9	其他国家	364.2
	世界产量	34 211.0	世界进口量	3 095.7	世界出口量	3 416.4
	中国/世界	26.7%	中国/世界	13.1%	中国/世界	2.5%

数据来源：国家统计局，国家海关总署，FAO，博亚和讯

表1-2　2017年蛋类产量、进口量、出口量排名前12位的国家/地区　　（单位：万吨）

排名	国家/地区	蛋类产量	国家/地区	蛋类进口量	国家/地区	蛋类出口量
1	中国	3 096.3	德国	53.5	荷兰	64.2
2	美国	625.9	伊拉克	32.8	土耳其	34.8
3	印度	484.8	荷兰	27.6	波兰	34.1
4	墨西哥	277.1	中国香港	16.8	美国	26.1
5	巴西	272.2	比利时	12.3	德国	19.1
6	日本	260.1	法国	12.0	西班牙	14.4
7	俄罗斯	251.9	英国	10.7	中国（不含台湾地区）	11.7
8	印度尼西亚	189.6	新加坡	9.7	马来西亚	11.7
9	土耳其	120.5	俄罗斯联邦	9.3	法国	11.7
10	泰国	108.0	意大利	7.4	比利时	11.3
11	法国	95.5	墨西哥	6.9	乌克兰	10.1
12	乌克兰	90.1	加拿大	5.8	印度	6.2
	其他国家	1 657.9	其他国家	101.2	其他国家	58.4
	欧盟	717.7	欧盟①	164.8	欧盟	186.0
	世界产量	8 151.9	世界进口量	306.1	世界出口量	314.0
	中国/世界	38.0%	中国/世界	0.003%	中国/世界	3.7%

数据来源：国家统计局，FAO

① 欧盟蛋类进口量、出口量，包含欧盟内部各国家之间贸易量

表1-3　2018年奶类①产量、进口量、出口量排名前12位的国家/地区　（单位：万吨）

排名	国家/地区	奶类产量	国家/地区	奶类进口量	国家/地区	奶类出口量
1	印度	18 614.3	中国	1 712.7	欧盟②	2 047.6
2	欧盟	16 725.6	墨西哥	420.6	新西兰	1 875.7
3	美国	9 864.6	阿尔及利亚	383.8	美国	1 179.3
4	巴基斯坦	4 562.3	俄罗斯	371.5	白俄罗斯	374.5
5	巴西	3 543.3	印度尼西亚	297.2	澳大利亚	305.8
6	俄罗斯	3 165.2	沙特阿拉伯	276.2	阿根廷	197.9
7	中国③	3 176.8	菲律宾	258.2	乌拉圭	155.6
8	土耳其	2 279.1	马来西亚	239.7	沙特阿拉伯	153.6
9	新西兰	2 137.2	日本	221.5	墨西哥	118.1
10	墨西哥	1 223.4	美国	193.5	加拿大	110.1
11	阿根廷	1 052.7	新加坡	161.1	土耳其	81.2
12	乌克兰	1 009.9	泰国	159.4	乌克兰	77.6
	其他国家	16 983.3	其他国家	3 047.2	其他国家	808.9
	世界产量	84 337.7	世界进口量	7 742.6	世界出口量	7 485.9
	中国/世界	3.8%	中国/世界	22.1%	中国④/世界	0.3%

数据来源：国家统计局，国家海关总署，FAO

表1-4　2017年人均肉类消费量、人均蛋类消费量、人均奶类消费量排名前12位的国家/地区

（单位：千克/年）

排名	国家/地区	人均肉类消费量⑤	国家/地区	人均蛋类消费量⑥	国家/地区	人均奶类消费量⑦
1	中国香港	169.9	中国	22.9	芬兰	457.7

① 奶类产量、进口量及出口量均为原奶产量，即将乳制品进出口量全部折合为原奶产量

② 欧盟奶类进口量、出口量，不包含欧盟内部各国之间交易量

③ 据农业农村部统计数据，2018年全国奶类产量3 176.8万吨，其中牛奶产量3 074.6万吨

④ 根据国家海关总署数据及博亚和讯折算，2018年中国奶类进口量、出口量分别折合原奶产量1 712.7万吨、19.2万吨

⑤ 人均肉类消费量=（国内产量+进口量-出口量-损耗及其他用途数量）/人口，肉类包括猪禽牛羊肉、其他肉类及可食内脏

⑥ 人均蛋类消费量=（国内产量+进口量-出口量-损耗及其他用途数量）/人口

⑦ 人均奶类消费量=（国内产量+进口量-出口量-损耗及其他用途数量）/人口

（续表）

排名	国家/地区	人均肉类消费量	国家/地区	人均蛋类消费量	国家/地区	人均奶类消费量
2	澳大利亚	129.3	日本	19.6	阿尔巴尼亚	396.3
3	美国	124.5	墨西哥	19.3	黑山	389.9
4	阿根廷	115.3	中国香港	18.5	爱沙尼亚	357.4
5	中国澳门	109.2	科威特	18.3	立陶宛	350.7
6	西班牙	103.3	中国澳门	18.2	荷兰	340.4
7	新西兰	102.8	马来西亚	17.9	瑞士	310.7
8	巴西	102.2	俄罗斯	16.0	丹麦	307.0
9	蒙古	100.8	丹麦	15.8	瑞典	304.1
10	以色列	100.6	卢森堡	15.6	哈萨克斯坦	270.0
11	法属波利尼西亚	99.8	美国	15.6	德国	267.5
12	萨摩亚	99.0	阿根廷	15.5	法国	260.1
	世界	44.8	世界	9.9	世界	88.0
	中国67	59.9	中国1	22.9	中国129	23.9①

数据来源：FAO

第一节 我国畜产品的生产总量及历史发展情况

农业部在1996年就首次提出要转变畜牧业发展方式[1]，即从粗放的数量增长型，逐步转变为质量效益型增长方式。根据国家统计局、农业农村部和博亚和讯的统计及测算数据，到2018年我国的肉类产量、蛋类产量、奶类产量分别达到9 147万吨、3 128万吨和3 177万吨（其中，牛奶产量3 075万吨）[2]；与1996年相比，20年间年均复合增长率分别为3.2%、2.1%和6.9%（牛奶，7.5%）。2018年我国肉类、蛋类、奶类产量分别占当年全球产量的26.7%、37.8%和3.8%②。根据FAO的数据统计，1996—2018年，我国的肉类、蛋类和奶类的增长数量分别占到全球增长量的33.6%、

① FAO数据未将进出口乳制品数量折合为原奶产量，2017年中国人均奶类表观消费量为34.0千克
② 据FAO数据，2018年世界肉类产量3.373亿吨、奶类产量8.432亿吨、蛋类产量8285.9万吨

35.2%和7.4%，是世界畜产品产量增长最大的贡献国。目前，我国畜牧业在完成畜产品供应数量基本满足国内需求的基础上，进入了真正意义上的转型期。转型期的三大特征表现十分明显，一是法律法规和标准体系日臻完善；二是确立了市场在资源配置中起决定性作用的地位；三是在产业宏观发展中逐步建立了粮食安全、食品安全、农民生计和环境保护的平衡政策体系。具体表现在畜牧产业发展中的变化主要是以下几点。

一是我国畜牧业产业结构持续调整，其驱动力也从供应端转向需求端。农业农村部制定的发展战略以及《中国食物与营养发展纲要》均直接或间接地提出要加快牛、羊、禽和奶畜业的发展，生产优质畜产品，稳定蛋白质含量低且耗粮多的生猪产量。1993年发布的《中国食物与营养发展纲要》就明确提出"到2000年猪肉产量比例要下降到70%以下，禽肉和牛羊肉的比重分别上升到18%和12%以上"[3]。2000年的实际数据达到了1993年的规划目标，猪肉消费量比例减少了8个百分点，达到65.9%，禽肉和牛羊肉比重分别增加到19.8%和12.9%。但此后猪肉消费量比例虽然持续下降，但下降速度极其缓慢，2018年全国人均肉类消费量中，猪肉仍然占据61.9%的比例，禽肉和牛羊肉比例分别为23.9%和13.3%。

产业结构调整的驱动力绝不仅仅是单方面提高优质畜产品产量和比例，或者说驱动力不是来自生产端而是需求端。我国刚刚达到FAO的国家粮食安全标准①，在经济发展过程中的不平衡、不协调、不可持续，以及发展基础比较薄弱等问题依然存在，城乡和贫富差距依然较大。在这个大背景下，我国畜牧业产业结构调整的动力将更多地来自市场机制、消费需求和资源的高效利用能力。

二是合理的肉类价格已经基本形成。根据农业农村部公布的1994年以来主要畜产品价格变化情况，2004年之后牛羊肉价格持续上涨；猪肉价格大幅波动且整体上涨；鸡肉价格与猪肉价格联动上涨，但波幅小、增速慢。到2019年，牛羊肉的平均价格均达到70元/千克以上，牛羊肉价格已经成为肉类价格制高点，猪肉价格次之，以鸡肉为代表的禽肉价格最低。在发生非洲猪瘟疫情之前，我国主要肉类产品价格的比例关系分别是牛肉与猪肉价格比为（2.0~2.5）:1，猪肉与鸡肉价格比为（1.5~1.7）:1。按照不同畜种的饲料转化效率计算，这样的比例关系基本合理，我国主要肉类产品的合理价格体系已基本形成。这样的价格体系将会对肉类消费量的重新分配起到重要作用。

三是加快发展草牧业，为农牧业可持续发展和全面建成小康社会提供重要支撑。2007年以来，草原生态环境保护和产业链利益分配不合理造成草食动物供应量

---

① FAO对于国家粮食安全的衡量标准有3个：一是国家粮食的自给率达到95%以上；二是年人均粮食达到400千克以上；三是粮食储备不低于本年度粮食消费的18%，而14%是警戒线

长期无法满足不断增长的消费需求。为保护我国牧区和半农半牧区的生态环境，根据草原生态环境的承受能力核定载畜量和禁牧的措施已实施超过10年，在一定程度上减少草食动物繁殖和放牧资源数量。同时，国内重加工轻养殖、重育肥轻繁殖的草食动物产业链利益分配机制，造成母畜养殖无利可图，继而"杀青弑母"，又加剧母畜和架子牛、羔羊资源的进一步短缺，牛羊肉产量长期无法满足国内消费增长需求，造成价格大幅上涨（图1-1），进口量剧增。牛肉进口量从2017年开始连续两年增幅都在50%左右，2019年牛肉净进口量已经占国内产量的24.3%，奶类的净进口量占国内产量的55.1%。

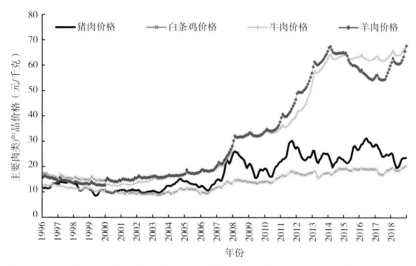

图1-1 1996年以来我国主要肉类产品价格变化趋势（数据来源：农业农村部）

针对以上问题，2015年中央一号文件明确提出加快草牧业发展，农业部依此制订了《关于促进草牧业发展的指导意见》。意见提出四个方面的基本原则：生态优先，草畜配套；优化布局，分区施策；市场主导，政府引导；产业融合，提升效益。并提出到2020年发展目标是：全国天然草原鲜草总产草量达到10.5亿吨，草原综合植被盖度达到56%，重点天然草原超载率小于10%，全国草原退化和超载过牧趋势得到遏制，草原保护制度体系逐步建立，草原生态环境明显改善；人工种草保留面积达到3.5亿亩，草产品商品化程度不断提高；牛羊肉总产量达到1 300万吨以上，奶类达到4 100万吨以上，草食畜牧业综合生产能力明显提升。

考虑到改善已十分脆弱的草原生态系统需要相当长的时间，同时牛羊等草食动物的生产周期又相对较长，我们认为，指导意见设定的牛羊肉及奶类产量发展目标有些偏高，尤其是到2020年完成牛羊肉产量1 300万吨和奶类产量4 100万吨，真正实现的难度是较大的。

四是生态环境保护和疫病等因素促使中国畜牧业重新布局。中国的畜牧业生产，尤其是养猪业和家禽业高度集中于东部和西南腹地，该区域人口稠密、经济发达、城镇化程度高。居民与畜牧业混杂布局已经造成诸多环境保护和相互污染的问题。加之长期特定区域的高密度、多品种的畜牧养殖，疫病问题呈季节性、阶段性发生，严重影响生产效率和产品质量，并可能由于公共卫生事件，造成更大的社会影响。因此，利用东北地区丰富的粮食资源和规模化开发的土地资源以及西北地区巨大的土地资源和富有潜力的饲料资源，有计划地向东北和西北进行产业转移将是未来的大趋势（图1-2）。

2017年农业部提出养猪业向东北粮食产区转移的发展战略，从宏观和专业的角度，对此后的养猪业产能转移、实现种养结合以及提高畜禽粪便的综合利用指出了方向和目标。下一步需要研究制订更加细化的产业生态体系建设方案和实施步骤，从种养结合、粮食就地转化、完善养猪业生产链、猪肉初级产品生产和运销以及围绕消费城市建设猪肉深加工体系等方面，逐渐建成完整的产业生态圈。养猪业向东北粮食产区转移需要突破的一大瓶颈是热鲜肉的消费习惯，目前我国2/3的猪肉是热鲜肉销售，今后从东北大量运输活猪到主要消费城市屠宰上市的可能性很小。可行的方案应是在生猪产区配套建设屠宰加工企业，生产猪肉初级加工产品，并运输到消费区域；在消费城市周边配套建设猪肉分割和深加工体系和冷链运销体系，生产对应消费需求的深加工产品并就近上市。改变热鲜肉消费习惯势在必行。

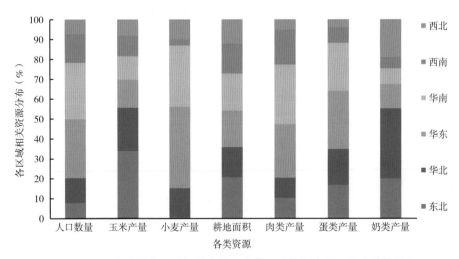

图1-2　2018年我国各区域相关资源分布情况（数据来源：国家统计局）

五是肉类生产和消费的新格局已经初步形成。按2018年之前我国的肉类结构，生猪产业撑起了肉类生产的半壁江山，但近年来的增长速度明显放缓；牛羊肉则长期供应不足，在大量进口的情况下，也仅能保证刚性需求群体和穆斯林群众的最低消费需求；家禽业以其高效率、高营养、低污染的优势拥有更大的发展空间，成为平衡肉类消费需求的重要力量。2018年我国的猪肉和禽肉分别占我国人均肉类消费量的61.9%和23.9%，其中禽肉比例在今后一段时间将进一步增大。牛羊肉由于供应的短缺，将只能为包括穆斯林群众和刚性需求群体的特定人群提供有限供应。根据国际的经验，清真认证的鸡肉是穆斯林群众替代牛羊肉供应不足的最佳也是唯一的肉类产品。对多个中东伊斯兰国家的肉类消费结构进行研究后发现，鸡肉都是第一消费肉类，而且消费量远远高于传统的牛羊肉。在非洲猪瘟疫情发生以后，我国猪肉产量大幅下降，且国际市场的进口量有限以及猪肉价格的持续上涨。鉴于禽肉对猪肉消费的替代和补充，未来在我国肉类结构中的比例将快速提升。未来中国肉类生产和消费将从以猪肉为主的单极化，逐渐转变为以猪肉和禽肉两大支柱型产业共同支撑的双极化格局，因此，我国猪业和家禽业的发展必须得到充分的支持和鼓励，尤其是家禽业重要的战略地位亟须得到明确和相应的配套战术安排。

六是奶业发展速度快且有潜力，但也面临诸多挑战。根据《中国食物与营养发展纲要》设定的2020年奶类消费目标，届时的总消费量需要达到5 040万吨，比2012年增加303万吨，增幅6.4%。看上去用6年时间完成6.4%的增长似乎不是个难题，但需要清楚地看到，2018年我国奶类总消费量为4 870万吨，其中包括了折合1 712.7万吨的原奶产量的进口乳制品①，净进口原奶产量达到1 693.5万吨，占国内产量的比例达到55.1%，其中进口奶粉折合原奶当量就已占到当年国内奶类产量的29.3%，远远超过公认的5%的警戒线，这给我国奶类产品的稳定供应带来很大的不确定性。

我国的奶类产品还存在结构上的不合理，有较大的调整空间。奶类在世界范围内被定义为优质动物蛋白，是鼓励国民消费的食品之一。但我国的液态奶产量中有超过80%是超高温灭菌奶（AC尼尔森公司调查报告，2007年我国巴氏鲜奶产量仅占液态奶总产量的18%）。根据中国奶业协会的报告，巴氏鲜奶是采用巴氏灭菌法加工的牛奶。用巴氏灭菌法加工牛奶既可杀死对健康有害的病原菌又可使乳质尽量少发生变化，最大程度保留了牛奶中的活性物质。从口味和营养上来说，巴氏鲜奶是乳制品中最完美、最丰富的。中国奶业协会刘成果名誉会长曾指出，巴氏鲜奶的优势在三个字：纯、原、活，所谓"纯"是纯天然，没有任何添加；"原"是原汁原味，不经过任何调制；"活"是低温处理，保持活性，最大限度保存了牛奶有益的活性物质，有利于增强免疫力。因此，巴氏鲜奶备受各国消费者青睐。从国际上看，90%的国家乳制品消费都以巴氏鲜奶为主，美国、日本、韩国、英国、澳大利亚、新西兰、荷兰、加拿大、丹麦、冰岛、挪威、瑞典、芬兰等国家，巴氏鲜奶的消费量都占液态奶80%以上，品种有全脱脂、半脱脂或全脂奶等。因此，我们认为，

---

① 原奶产量：是将各类进口乳制品统一折合为原奶吨数，其中奶粉按8∶1折算，奶酪按10∶1折算；牛奶主要成分：水分87.5%，蛋白质3.5%，脂肪3.8%，碳水化合物4.5%，矿物质0.7%

未来奶业的发展要稳定增加奶类的总体消费量，但重点是改善产品消费结构，增加包括巴氏鲜奶、奶酪、酸奶等高品质奶制品的消费量和比例。

第二节 当前我国畜产品国际贸易情况

根据国家统计局和国家海关总署公布的数据，目前我国肉类贸易总体处于净进口状态；蛋类进出口贸易量很少，基本可忽略不计；奶类贸易总体的净进口已经接近国内产量的一半。

中国是世界最大的肉类生产国，同时也是世界最大的肉类进口国。2007年我国首次出现猪肉贸易的净进口，同时，在肉类进出口贸易上我国也首次成为净进口的国家，2016年猪肉及副产品净进口量达到279.8万吨，相当于当年国内猪肉产量的5.2%，这是历史上进口量第2高的一年，仅次于2019年。我国的禽肉进出口贸易量基本保持平衡，近年来的禽肉及副产品进出口量都在50万吨左右。2012年我国从牛肉净出口国突然转变为牛肉净进口国，到2018年已经突破100万吨，相当于当年国内牛肉产量的16.4%。自1996年至今，我国的羊肉贸易一直处于净进口状态，2018年羊肉净进口量达到31.6万吨，相当于当年国内羊肉产量的6.6%。2012年是中国畜产品国际贸易的标志性年份，中国主要肉类产品全部变成净进口，中国作为世界最大的肉类生产国，同时也成为世界最大的肉类进口国之一，而且在未来更长时间内还将继续保持这种状态。2012年，我国的猪禽牛羊等肉类净进口量达到142.0万吨，相当于国内肉类总产量的1.6%；到2018年肉类净进口量为318万吨，相当于国内肉类总产量的3.5%。

除了牛羊肉的进口确实是因为国内产量无法提升而不能满足消费需求之外，我国的猪肉和禽肉的进口目前基本都是互补性国际贸易，即我国出口高附加值的深加工或熟制肉类产品，进口国内消费量大、价格高、且国外没有消费市场的猪禽副产品。需要注意的是，由于生产成本差距越来越大，国内猪肉及副产品的进口量逐年增加。**建议国家相关机构出台政策在肉类生产者、进口商和消费者等利益相关方之间建立相对稳定的平衡关系。**

中国是世界第一大乳制品进口国。曾经，华夏文明是世界上唯一不用动物乳汁和乳制品供人们普遍食用的文明[4]。随着人民生活水平的逐步提高，中国饮食模式最大的变化之一就是引入了牛奶，由于人口数量巨大，目前已经成为世界第一的乳制品进口国。1996年，中国乳制品净进口量为64.2万吨，相当于国内产量的10.2%；在

20多年的时间里，中国乳制品净进口量快速增加，尤其是三鹿奶粉事件以后，乳制品进口量成倍增长，2012年进口乳制品折合原奶产量突破千万吨，但出口量却没有大的发展，始终维持在较低的水平。2018年，中国乳制品的净进口量折合原奶产量已经达到1 693.5万吨，相当于当年国内奶类总产量的53.3%。

有一种观点认为，我们进口国外的粮食，相当于进口了国外的土地和水资源；我们进口国外的畜产品，相当于享受了国外的高效率和低成本的红利。但进口红利论应该建立在两个重要基础之上，一是国内产业已经具备对有限资源进行高效利用的能力；二是对产业发展现状和未来趋势有准确的判断能力。《孙子兵法·谋攻篇》说"十则围之"，没有绝对的实力切不可轻举妄动。我国的畜牧产业在完全具备以上两种能力之前，**宜适度地享受进口红利，在结构上形成互补型关系，在数量上绝不能以进口为依靠。**

一、肉类进出口贸易状况

（一）猪肉进出口贸易状况

中国的猪肉生产和贸易在国际上地位绝无仅有。中国的猪肉产量连续多年位居世界第1，2018年猪肉出口量位居世界第5，猪肉及猪副产品的进口量位居世界第1。这种状况的形成，主要原因有三，一是中国是传统的猪肉消费国，国内肉类消费量中有超过60%的比例是来自猪肉；二是中国传统的消费习惯接受包括猪的头蹄内脏等猪副产品作为食品消费，与头蹄内脏消费量极小的欧美国家形成贸易互补；三是我国在猪肉的高附加值熟制品生产上具有一定的优势，可以为今后在国内创立高端猪肉产品市场打下基础。

根据美国农业部和FAO统计数据，欧盟和美国是世界最大的猪肉出口国家/地区，中国和日本是世界最大的两个猪肉进口国[5]。2013年以后美国在对中国出口猪肉和猪副产品上所占的市场份额全面减少，2015年以后有所恢复。近年欧盟国家普遍增加了其对中国出口的市场份额，出口的产品以猪副产品居多。

受前期市场亏损、环保措施强化等因素的影响，2015—2016年国内猪肉产量连续减少，2016年我国的猪肉和猪副产品进口量再创新高，合计进口量达到311万吨，同比增加一倍；其中，猪肉进口量达162万吨，同比增加108%；猪副产品进口149万吨，同比增加92%；猪肉和猪副产品进口量分别占进口总量的51%和49%。**2016年中国的猪肉和猪副产品进口量大幅增长，占当年全球猪肉和猪副产品进口贸易量的37%，第一次超过日本成为世界最大猪肉进口国；此后随着国内猪肉产量恢复增长，猪肉和猪副产品进口量呈下降趋势，但也一直保持全球第一大进口国的位置**（图1-3）。

根据美国农业部的统计数据，2018年世界猪肉进口量统计为790万吨，同比小幅增长0.3%。中国、日本、墨西哥、韩国、中国香港和菲律宾是排在猪肉进口量前6位的国家/地区，进口量合计569万吨，占全球猪肉进口贸易总量的72%。其中，日本、墨西哥和韩国过去4年的猪肉进口量保持稳定增长，菲律宾的猪肉进口量连年较大幅度增长，2018年进口猪肉28.6万吨，相比2015年增长了63%。

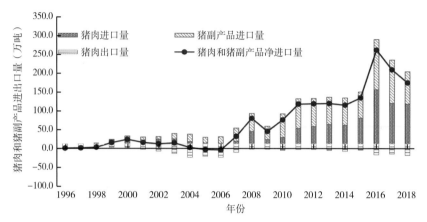

图1-3　1996—2018年中国猪肉和猪副产品的进出口量（数据来源：国家海关总署）

我国出口的猪肉产品主要包括冷鲜冻猪肉、深加工产品和供港活猪。2018年，我国出口猪肉产品合计33.3万吨，同比增长15.1%，冷鲜冻猪肉出口量减少，加工猪肉出口量增加，供港活猪数量稳定；出口额总计10.89亿美元，其中冷鲜冻猪肉占18%，加工猪肉占43%，供港活猪占39%。

（二）禽肉进出口贸易状况

中国是世界最大的禽肉生产国和贸易国之一。2018年中国的禽肉产量为2 263万吨，仅居美国之后列世界第2位；禽肉出口量在巴西、美国、泰国之后居世界第4位；禽肉和禽副产品的进口量居世界第7位。我国禽肉产量、进口量和出口量均位居世界前列的主要原因：中国是世界最大的水禽肉生产国，占世界总产量的80%以上；中国的禽肉加工和深加工水平处于世界领先地位，高附加值熟制品出口有一定竞争优势；同时，中国的消费者在习惯上能够接受包括鸡内脏、鸡爪和鸡架等副产品，且有传统的加工方式，相关产品深受消费者欢迎。这些特点决定了我国的家禽产品与世界其他国家的产品能够形成贸易互补，各得其所，发展潜力较大。

根据国家海关总署发布的数据，2018年我国进口禽肉和禽副产品50.4万吨；出口禽肉51.8万吨，我国出口的禽肉产品主要是高附加值的熟食制品，主要出口日本、东南亚和欧盟。在禽肉贸易中，鸡肉和鸡副产品进口量占禽肉进口总量的94%以上，占出口量的83%（图1-4）。

根据FAO数据统计，禽肉产量统计主要包括鸡肉、鸭肉、鹅肉和火鸡肉等产品。全球禽肉产量中，鸡肉占比86%，鸭肉和鹅肉分别占比6%和1%，火鸡肉占比5%。美国、中国和巴西是世界最大的鸡肉生产国，产量都在千万吨以上；中国是世界最大的水禽肉生产国，鸭肉和鹅肉产量分别占全球产量的82%和92%；美国、巴西和德国是世界最大的火鸡肉生产国，产量分别占全球产量的46%、10%和8%。

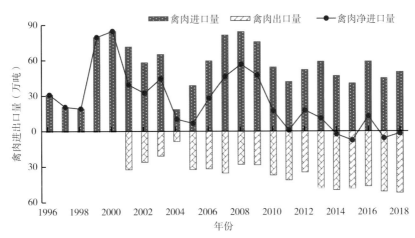

图1-4　1996—2018年中国禽肉进出口情况（数据来源：国家海关总署）

根据美国农业部发布的数据，2018年全球鸡肉出口贸易量为1 124万吨，同比增长1.9%。巴西、美国和欧盟位居世界鸡肉出口的前3位，合计出口量占到当年全球出口总量的75%；泰国、中国和土耳其位列其后；其中泰国的鸡肉出口目的国在2018年新增加了中国，而且出口量增长速度较快。鸡肉出口量增速最快的国家为乌克兰，5年间其鸡肉的出口量增长了2.6倍，2018年其鸡肉出口量为31.7万吨。

2018年世界鸡肉进口贸易量达到935万吨，同比增长0.5%。日本仍然以107万吨的进口量占据鸡肉进口量世界第1位，同比增长1.7%。墨西哥和欧盟位居其后，进口量仅小幅增长；伊拉克和沙特阿拉伯的鸡肉进口量排在世界第4和第5位，2018年的进口量均出现下降趋势，下降幅度分别为2.6%和13%。其他鸡肉进口量增长快速的国家包括安哥拉、南非和委内瑞拉。俄罗斯的鸡肉进口量将持续减少并控制在10万吨左右，主要原因是肉鸡产业在俄罗斯政府的支持下发展迅速，并计划在2020年达到100%自给自足，其在2018年的自给率已经达到98.5%，战略目标的完成指日可待。

（三）牛肉进出口贸易状况

1995年以来，牛肉产品进口中以牛杂产品的进口为主，到2001年甚至占到进口总量的90%。2008年以后，几乎是突然间牛肉的进口占比大幅增加，从2007年的33%增长到60%，到2016年，牛肉的进口量占比已经超过90%。同期，牛杂产品的进口量也在同步增长，只是幅度较小。2012年我国的牛肉国际贸易出现反转，从上一年的净出口国变成净进口国。2013年，根据国家海关总署的数据，中国牛肉产品进口量突然大幅增加，合计进口牛肉和牛杂产品31.4万吨，进口额13.3亿美元，同比分别增长3.46倍和3.74倍，进口量的突然增加是对过去3年牛肉供应短缺和价格快速持续上涨的滞后反应。2018年中国成为世界第一大牛肉产品进口国，其中进口牛肉104万吨，牛杂3万吨，合计107万吨，占到世界进口贸易量的10%以上；同期的出口量仅有1.2万吨；净进口量突破百万吨。

根据美国农业部统计数据，2018年世界牛肉出口贸易总量为1 055万吨，同比增长6%。巴西、印度和澳大利亚为世界前3位的牛肉出口国，出口量分别为208万吨（同比增12%），156万吨（同比降16%）和166万吨（同比增12%）。美国和新西兰分列第4和第5位，其中美国出口量增长10%，新西兰出口量增长7%。此五国合计牛肉出口量737万吨，占世界牛肉出口量的70%。

2018年世界牛肉进口贸易总量为861万吨，同比增长8.6%。主要牛肉进口国家/地区包括中国、美国、日本、韩国和中国香港，2018年合计牛肉进口量达到482万吨，占世界牛肉进口贸易量的56%。美国曾经是世界最大的牛肉进口国，但2018年被中国超过。中国在2013年突然从牛肉净出口国转变成净进口国，受到国内牛肉消费需求快速增长和国产牛肉增长有限的双重支撑，未来中国的牛肉进口量将长期保持世界第一。日本是世界上最稳定的牛肉进口国，尤其是2011年发生海啸后，牛肉进口量增长16%。俄罗斯由于政府有意识的增加牛肉的自给率，并大力支持国内养牛业的发展，进口量趋于零增长并于2018年完成自给自足（图1-5）。

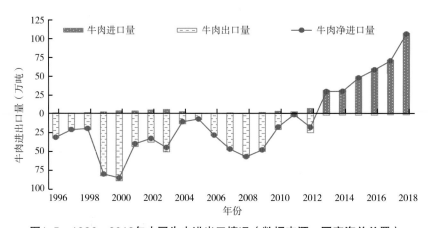

图1-5　1996—2018年中国牛肉进出口情况（数据来源：国家海关总署）

（四）羊肉进出口贸易状况

中国是世界最大的羊肉生产国和羊肉进口国。新西兰、澳大利亚和乌拉圭是2011年后仅存的能够对华出口羊肉的3个国家，其中，新西兰和澳大利亚合计的进口羊肉量占总量的95%以上。目前，全球的羊肉出口贸易量基本上稳定在100万吨左右。

1996年以来，中国的羊肉进口贸易呈现价量齐增的态势，尤其是2009年以后，增幅突然放大，与国内需求量大增和国内产量增幅减少有直接关系。2013年我国羊肉进口量突然增加，进口量达到25.9万吨，进口额9.5亿美元，分别同比增长1.08倍和1.26倍。2018年我国羊肉进口量为31.9万吨，同比大幅增长30.9%，约占当年世界贸易总量的31%。

与此同时，我国羊肉出口量一直比较低，2018年羊肉出口量仅为0.34万吨，对我国羊肉生产及消费的影响极低。

2018年我国羊肉净进口量达31.6万吨，相当于当年国内羊肉产量的6.6%（图1-6）。

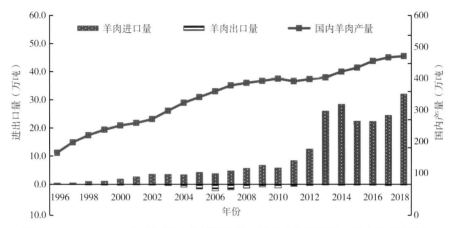

图1-6　1996—2018年中国羊肉产量及进出口情况（数据来源：国家海关总署）

2018年我国合计进口肉类及可食副产品405万吨，进口额109.3亿美元；出口肉类（包括出口活畜折合胴体重）87万吨，出口额30.3亿美元。我国的肉类贸易处于净进口状态，净进口量达到318万吨，贸易逆差79.0亿美元。2018年肉类净进口量占全国肉类总产量的3.5%。

二、蛋类进出口贸易状况

从数量上看，除了种蛋外，中国蛋类贸易是净出口，进口数量极少。从2000年到2018年中国蛋类出口量变化情况来看，均在10万吨左右波动，占国内产量的比例最高时亦不足1%。由于蛋类运输难度较大，中国鸡蛋出口量的99%是供给中国香港和澳门等地区，只要符合检疫规定和相关政策要求，内地对香港和澳门地区的鸡蛋出口数量较为稳定，这部分出口量基本不会受到其他因素影响。在生产成本逐渐上升的情况下，未来我国蛋类出口上升空间不大，增长仍主要来自中国香港和澳门等地区。

2000—2018年中国蛋类进口量均不足500吨,进口数量较少,对国内市场基本没有影响。由于中国蛋类进口数量较少,出口主要供应我国香港、澳门地区,近年来我国禽蛋产品的净出口量基本保持在5万～10万吨。鉴于进出口量占国内产量的比例较低,影响很小,本报告不做深入研究。

三、奶类进出口贸易状况

中国既是乳制品的生产大国,同样也是消费大国。自加入世界贸易组织后,中国乳制品的进出口贸易发展迅速。据国家海关总署统计数据显示,1996—2018年,我国乳制品进口量(折合原奶产量)年均增速为15.6%;2018年乳制口进出口总额为103.9亿美元,其中进口额为100.4亿美元,占比高达96.7%。2018年我国乳制品进口量(折合原奶产量)1 712.7万吨,**相当于国内鲜奶产量的55.7%,占国内表观消费量的35.2%,远远超过乳制品出口量(折合原奶产量)19.2万吨**。目前我国的乳制品消费进口依存度较高,由于国内奶酪产量较低,作为奶酪生产副产品的乳清产量也很低,需要大量进口;工业奶粉和婴幼儿配方奶粉一直保持较大的进口量。从2013年开始,进口乳制品折合原奶产量在国内表观消费量中所占比例一直维持在30%以上,并持续增长。我国乳制品贸易进口单向型发展的特点极其明显,长期以来,乳制品贸易逆差的增长严重冲击了中国奶业的发展(表1-5)。

表1-5 2011—2018年中国奶类产量及进出口量[①]　　　　　　(单位:万吨,%)

年份	进口量	国内产量	出口量	表观消费量	净进口量/国内产量
2011	779.1	3 262.8	12.3	4 029.6	23.5%
2012	1 006.3	3 306.7	12.4	4 300.6	30.1%
2013	1 337.0	3 118.9	6.9	4 449.0	42.6%
2014	1 393.3	3 276.5	9.9	4 659.9	42.2%
2015	1 193.6	3 295.5	6.9	4 482.2	36.0%
2016	1 385.9	3 173.9	7.3	4 552.5	43.4%
2017	1 589.6	3 148.6	9.2	4 729.0	50.2%
2018	1 712.7	3 176.8	19.2	4 870.3	53.3%

数据来源:国家统计局,国家海关总署

①　乳制品进口量及出口量统一折算为原奶产量

第三节　当前我国畜产品人均表观消费量

按照国际通行的表观消费量的概念，即表观消费量等于国内产量加进口量减出口量，来计算我国居民的人均肉蛋奶消费量。其中，我国蛋类产品进出口数量均极小，没有计算在内，人均占有量即为人均表观消费量；奶类进出口量统计，是由博亚和讯将不同的奶类产品按一定系数折合为原奶产量的数据。

2018年，我国肉类表观消费量为9 466万吨，其中猪肉5 857万吨，占61.9%；禽肉2 262万吨，占23.9%；牛肉750万吨，占7.9%；羊肉507万吨，占5.4%；蛋类表观消费量为3 309万吨，奶类表观消费量折合原奶产量为5 109万吨。2018年，我国肉蛋奶表观消费量合计达到了1.75亿吨，其中，肉类、蛋类、奶类所占比例分别为54.2%、17.9%和27.9%。

近年来，我国畜产品进口量持续增加，畜产品的进口渗透率也在逐渐提高，其中尤其以牛羊肉和奶类产品最为显著。2018年，我国肉类进口渗透率为4.3%，其中猪肉3.7%，禽肉2.2%，牛肉14.3%，羊肉6.3%；尽管我国目前已经是世界最大的肉类进口国，肉类产品进口渗透率尚在5%以下，但由于受环境资源等因素限制，我国牛羊肉产量无法满足国内消费需求，进口量持续增长将导致进口渗透率不断增加。我国奶业发展起步晚，缺乏优质天然草场，原奶产量增长缓慢，2008年以后乳制品进口量快速增长，到2018年乳制品进口量（折合原奶产量）已达到1 713万吨；在我国所有畜产品中，奶类产品的进口渗透率最高，已达到35.9%，甚至远远超过了牛羊肉的进口渗透率（表1-6）。

表1-6　2018年中国肉类、蛋类、奶类表观消费量及进口渗透率　　　（单位：万吨，%）

项目	国内产量	进口量	出口量	表观消费量	进口渗透率[①]
肉类	9 147.5	404.9	86.6	9 465.8	4.3
猪肉	5 674.6	215.4	33.3	5 856.7	3.7
禽肉	2 263.0	50.4	51.8	2 261.6	2.2
牛肉	644.0	107.1	1.2	750.0	14.3
羊肉	475.0	31.9	0.3	506.6	6.3

---

① 进口渗透率（Import Penetration Ratios）是指一国某产业（j）国内消费数量中进口所占比重；进口渗透率 $=\dfrac{M_j}{Q_j^c}$，其中：M_j 为该国 j 产业（或者 j 产品）的进口数量，Q_j^c 为该年 j 产业（或者 j 产品）的国内消费数量

（续表）

项目	国内产量	进口量	出口量	表观消费量	进口渗透率
蛋类	3 128.3	—	—	3 128.3	—
奶类	3 176.8	1 712.7	19.2	4 870.3	35.9
合计	15 452.6	2 117.6	105.8	17 464.4	12.2

数据来源：国家统计局，国家海关总署，博亚和讯

综合我国肉类、蛋类、奶类的国内产量及进出口量，2018年，我国肉类、蛋类、奶类的人均表观消费量分别为67.8千克、22.4千克和34.9千克（图1-7），比1996年分别增加83.1%、39.6%和4.3倍。

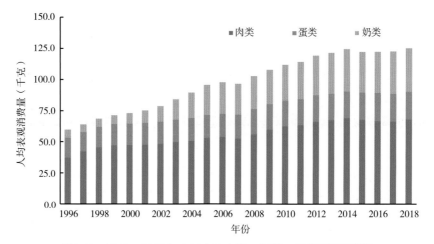

图1-7　1996—2018年中国人均肉类、蛋类、奶类表观消费量
（数据来源：国家统计局，国家海关总署，博亚和讯）

根据FAO的数据，我国的肉类、蛋类和水产品的人均消费量均已经超过了全球的平均水平，其中，蛋类和水产品人均消费量达到了世界较高水平。我国动物产品人均消费量与世界平均水平的差距主要是在奶类（图1-8）。2017年我国人均奶类日消费量为85.7克，仅为全球平均水平的35.5%，甚至还不足印度人均奶类消费量的30%，距离欧美等奶类消费大国的差距就更大了。

我国的人均肉类消费量超过世界平均水平47.8%，虽然与世界主要肉类消费大国仍有差距，但以中国目前巨大的人口基数、人均收入和人均GDP水平以及荤素合理搭配的传统膳食习惯，目前的人均每日消费肉类185.8克已经达到供求基本平衡，未来增长主要是来自人口自然增长的刚性需求和人均消费量的小幅增长。同时，肉类消费结构也将发生变化，高效转化、绿色环保、健康安全、动物福利等成为未来产业的战略目标和消费者的选择方向。

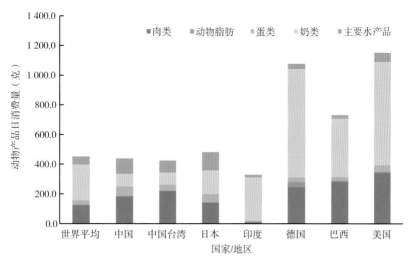

图1-8　2017年主要国家/地区人均动物产品日消费量（数据来源：FAO，博亚和讯）

　　我国的人均蛋类消费量已经远远超过了世界平均水平，目前已经高于日本，居世界第一位。未来更多的是蛋类消费结构的内部调整，蛋类的人均消费量已基本达到顶峰，上升的动力和空间已非常微小。

　　我国人均奶类消费量虽然远低于世界平均水平，但考虑到由于与欧美等国家的消费习惯差异较大，因此我国的人均奶类消费量并不会向欧美等国家看齐；参考中国台湾、日本的人均奶类消费水平，未来我国的人均奶类消费量仍有较大的增长空间，但要受到消费习惯、国内产量和国际贸易量等多种因素的限制。

小　结

　　中国畜牧业在过去20年里实现了快速发展，1996—2018年肉蛋奶产量年均递增率分别达到3.2%、2.1%和6.9%。2018年我国的肉蛋奶产量分别为9 147万吨、3 128万吨和3 177万吨，分别占当年全球产量的26.7%、37.8%和3.8%。在人口基数巨大并不断增长的情况下，保持总产量和人均消费量同时位居世界前列，是我国畜牧业在改革开放40多年来最大的成就。

　　我国从1996年提出畜牧业要转变发展方式，即从粗放的数量增长型逐步转变为质量效益型增长方式。经过20年的发展，在畜产品供应基本满足数量需求的基础上，我国的畜牧业已经进入真正意义上的转型期。法律法规和标准体系建设、市场机制逐渐完善和建立平衡的政策体系，是转型期三大特征。

　　由于生态环保、食品安全等外部因素的不断变化，我国畜牧业发展相应发生改变。新的肉类生产和消费格局正在形成，即猪肉将撑起中国肉类消费的半壁江山；

牛羊肉生产受到资源短缺的制约，只能满足刚性需求；禽肉具有诸多的优势，未来将是平衡肉类供应的重要力量。

我国从2012年开始成为肉类净进口国，到2016年净进口数量达到顶峰，净进口肉类达到373.4万吨，占国内总产量的4.2%；2018年奶类净进口量折合原奶产量达1 693.5万吨，相当于当年国内产量的55.3%；我国是世界最大的猪肉和奶类进口国，牛羊肉的进口量也是连年增长，目前已经成为世界第一进口国；禽类国际贸易基本属于互补型结构。

根据国际通行的表观消费量的概念，即国内总供给=国内总产量+进口量-出口量，人均表观消费量=国内表观消费量/人口数量。2018年，我国肉蛋奶的年人均表观消费量分别为67.8千克、22.4千克和34.9千克，比1996年分别增加83.1%、39.6%和4.3倍。我国畜产品人均表观消费量与世界水平的差距主要在于奶类，2017年我国人均奶类日消费量为85.7克，仅为全球平均水平的35.5%，不足印度人均消费量的30%，与其他奶类消费大国的差距更大。

按照2018年的消费水平，我国畜产品中人均肉类消费量已接近顶峰，未来增长空间较小；但由于受到非洲猪瘟疫情的影响，未来几年内我国猪肉产量将在大幅下降后缓慢恢复，因此短期内肉类的消费缺口较大；牛羊肉受资源限制，国内产量增长难度较大，消费增长将主要依靠增加进口；家禽产业符合高效转化、节能环保、健康安全、动物福利等多种产业外部环境影响因素的要求，"增量快"将成为肉类消费的有力补充，我国禽肉还有较大的发展空间，将成为未来畜牧产业的战略目标和消费者的选择方向，从世界范围看，我国人均蛋类消费量已接近或达到顶峰，未来的数量增长空间和动力很微小，只是消费方式将发生一定变化；由于消费习惯不同，人均奶类消费量与世界平均水平及其他国家的差距较大，仍有较大的增长空间，但同样受到消费习惯、国内资源及产业现状、国际贸易量等因素的制约。

第二章 中国畜产品生产格局、区域特征及发展趋势

第一节 我国畜牧业发展状况

经过改革开放40多年的发展，我国畜牧业发展取得了巨大成就，在生产方式、组织形式和经营管理等方面都发生了巨大变化，畜禽养殖水平全面提升、畜产品生产供给能力大幅增加，技术、资本、管理等生产要素正在深刻地推动着我国畜牧业的持续快速发展。

尽管我国畜牧业的发展已经取得了巨大的成就，但我国畜牧业的发展仍然存在一系列的问题，面临着诸多方面的挑战。一是养殖生产相对粗放的生产方式尚未完全改变，生产效率有待进一步提高；二是畜牧业供给侧结构性矛盾仍然突出，养殖用地资源、水资源、饲料资源等都成为发展畜牧业的约束性条件；三是养殖废弃物处理利用设施建设滞后，资源化利用难度大、成本高；四是畜禽种业基础薄弱，部分优良品种核心种源依赖进口，联合育种机制缺乏，产业发展面临严峻挑战；五是上下游的产业链利益联结不紧密，畜产品深加工能力不足，不能很好地发挥行业蓄水池的作用；六是消费者意识转变，健康消费日渐成为关注重点，对畜产品质量要求越来越高，畜产品消费增长乏力；七是随着环保政策的持续高压态势、食品安全监管日趋严格、养殖规模化程度提高、复杂疫情造成的生物安全升级，进入畜牧养殖业的行业门槛也在不断提高，尤其是非洲猪瘟的防控形势格外严峻，对我国畜牧业近期发展、消费格局转变等造成了重大影响。

党的十九大提出实施乡村振兴战略，这是党中央做出的重大决策部署，是决胜全面建成小康社会、全面建设社会主义现代化国家的重大历史任务。2018年，党中

央将实施乡村振兴战略的目标和任务明确为：到2020年，乡村振兴取得重要进展，制度框架和政策体系基本形成；到2035年，乡村振兴取得决定性进展，农业农村现代化基本实现；到2050年，乡村全面振兴，农业强、农村美、农民富全面实现。乡村振兴战略的实施，将促进我国畜牧业加快走向现代化发展的道路。

在新的市场形势下，我国畜牧业的主要矛盾已经由总量不足转变为结构性矛盾，推进供给侧结构性改革是当前和今后一段时期我国畜牧业政策改革和完善的主要方向。在相关政策的支持下，畜牧业生产积极顺应市场进行适应性调整，以稳生猪、兴奶业为重点的畜牧业结构调整持续推进；生猪养殖北移西进，蛋鸡养殖南下发展，产区布局持续优化调整；畜牧业生产方式加快转变，规模养殖快速发展，产业集中度稳步提升；规模化、集约化的科学饲养水平以及技术装备水平在不断提高；种养结合、粪污资源化利用工作持续推进。

党的十八大以来，我国始终坚持"以我为主、立足国内、确保产能、适度进口、科技支撑"的国家粮食安全战略；2018年，习近平总书记考察黑龙江七星农场北大荒精准农机中心时说："中国人要把饭碗端在自己手里，而且要装自己的粮食。"我国也应该在畜产品供应上制定实施"自给自足计划"，以保障饭碗始终是端在我们自己手里的，并且装的是自己生产的畜产品。

第二节　畜产品生产格局

伴随着我国畜牧业的持续发展，肉蛋奶等畜产品的生产能力得到大幅度提升；总体来看，我国畜产品市场呈现稳中有进的良好态势，但面临局部结构相对不平衡。2018年，全国畜产品总产量（肉蛋奶）达到1.55亿吨，其中肉类产量9 147万吨，占比59.2%；蛋类产量3 128万吨，占比20.2%；奶类产量3 177万吨，占比20.6%，我国奶类产品以牛奶为主，牛奶产量为3 074.56万吨，占到奶类产量的96.8%。

2018年，世界畜产品总产量12.681 7亿吨，其中奶类产量占比达到66.9%，其次为肉类占比26.7%，蛋类产量占比最低，为6.4%；美国、欧盟的畜产品产量也基本是奶类最高、肉类次之、蛋类最低的生产格局。与美国、欧盟等国家/地区相比，我国畜产品生产主要以肉类和蛋类为主，奶类产量占比明显偏低（图2-1）。

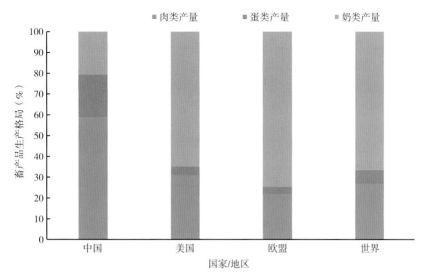

图2-1　2018年中国、美国、欧盟及世界畜产品生产格局（数据来源：国家统计局，FAO，博亚和讯）

一、我国肉类生产现状

（一）我国生猪产业发展现状

1.我国生猪产业发展历程

我国是世界上最古老的农业大国之一，从事养猪生产已有几千年的历史。新中国成立以来，我国养猪业发生了很大变化，并取得了辉煌的成就，多年来我国一直是世界第一养猪大国。1959年10月31日毛主席撰写《关于发展养猪业的一封信》（1959年12月8日刊发于新华通讯社《内部参考》），提出要把养猪看得和粮食同等重要[6]。各级政府落实毛主席指示，由此全国上下掀起了养猪热潮，促进了养猪业的发展。十一届三中全会确定的农村实行家庭联产承包责任制调动了农民种植的积极性，粮食产量随之大幅提高，为养猪业的发展提供了充足的饲料，国家实施"菜篮子工程"并出台一系列鼓励政策促进生猪生产，并适时取消了统购统销。20世纪90年代以后，人均收入水平的增长促进肉类消费量的提升，饲料工业的发展以及工业饲料产量的增长，促使我国生猪产业进入了规模化饲养快速发展的阶段，畜牧业逐渐从农业中分离出来成为相对独立的产业，各种规模的养殖场、专业户以及养殖企业应运而生，生猪生产水平快速提升。2018年我国生猪出栏量为70 852万头，猪肉产量5 675万吨，占世界猪肉产量的46.4%，占我国肉类产量的62.0%。

2.我国生猪产业生产格局

（1）我国生猪养殖区域化布局明显。我国生猪主产区产量巨大，但在各区域之间存在较大差异，生猪养殖分布较为集中，区域化特征明显。由于受到饲料资源、劳动力资源以及消费市场的导向，中国生猪养殖主要集中于沿江沿海，分布于长江沿线、华北沿海以及部分粮食主产区等经济发达和人口稠密的地区（表2-1），其中四川、河南、湖南、山东、湖北、云南、河北、广东、广西、江西为排名前十的生猪主产区。

表2-1　2018年各地区生猪存栏密度与年末常住人口密度比较

地区	2018年生猪存栏密度（头/公顷）	2018年年末常住人口密度（人/公顷）
全国	0.45	1.47
华北	0.20	1.15
东北	0.44	1.37
华东	1.10	5.09
华南	1.51	3.90
西南	0.43	0.87
西北	0.06	0.34

数据来源：农业农村部，国家统计局

（2）生猪养殖北移西进趋势明显，但华东、华南仍为生产重心。按各地区行政区域面积进行计算，发现我国生猪养殖密度与人口分布高度相似；受热鲜肉消费习惯以及经济发展水平的影响，我国的华东和华南地区一直是生猪养殖密度较大的地区，尤其是南方水网地区养殖密度很高，经济发达、人口稠密、土地承载力比较低。2015年，农业部发布了关于促进南方水网地区生猪养殖布局调整优化的指导意见，对生猪养殖布局进行调整，沿海地区、南方水网地区约束发展区的大型养猪集团、饲料企业加快生产布局调整，逐渐向东北4省区（东三省+内蒙古）、西南、西北等生产潜力和土地承载能力较大的优势产区转移，全国生猪产业北移西进的大趋势非常明显。近几年以来，黑龙江、河北、云南、贵州等重点发展区或潜力发展区生猪养殖量持续增加，上海、浙江、江苏、福建等约束发展区生猪养殖量则显著下降，但同时山东、河南、湖北等传统的生猪养殖优势区域仍在继续巩固发展。总体来看，我国生猪产业的布局有所调整，但生产重心仍然位于华东、华南地区（图2-2）。

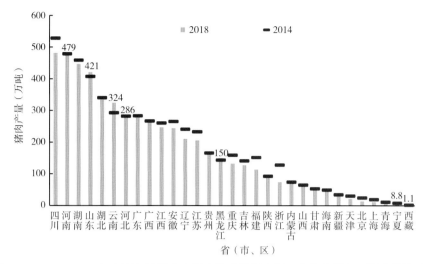

图2-2　2014、2018年全国各地猪肉产量变化（数据来源：农业农村部，国家统计局）

3. 我国生猪产业现状及存在问题

我国生猪产业虽然发展较快，生产水平逐步提高，但与世界先进水平相比，仍存在一定的差距。在新的历史时期，我国生猪产业的发展面临前所未有的挑战。

（1）生猪生产水平较低。2018年我国生猪出栏率为157%，同欧美等发达国家的175%相比仍存在较大差异；每头能繁母猪每年提供的商品猪数量（MSY）较低，2018年我国MSY水平约为17头，欧美等国家可达25头以上；出栏生猪平均出栏重低，2018年我国生猪出栏均重约112千克，美国的生猪平均出栏体重约为130千克；从经济指标上衡量，适当提高出栏重和胴体重也是有益的，我国在这方面有很大潜力。

（2）养殖生产成本高。我国生猪养殖成本中的饲料原料成本显著高于国外这是不争的事实；但同时我国生猪饲养的平均料肉比为（2.8～3.0）：1，生产单位的生猪产品耗料较多；国外由于机械化、自动化、集约化生产，生产效率较高，平均料肉比可达到2.6：1以下。

（3）生猪生产从业人员的专业水平不高。目前我国对一些疫病的控制能力尚低，在疫病监测、诊断、预防、治疗等环节上还存在体系不健全、技术相对落后等问题；兽医水平参差不齐，错误诊断、累加用药、重复用药、药物残留及违禁使用添加剂尚未得到有效控制。生产中重视疫苗注射、环境改善等问题而忽视综合预防措施、机体抗病性能的保持和加强、消毒与免疫等问题依然存在。

（4）标准化和安全性有待提高。我国农业生产的标准化程度相对较低，养猪业也不例外。与养猪业快速提升的规模化水平相比，标准化发展相对滞后。

4、我国生猪产业发展趋势

（1）猪肉消费增长趋缓，消费需求显著升级。随着规模化养殖比例提升，我国猪肉生产供应能力显著增加，猪肉消费则逐渐进入稳定阶段，我国的猪肉产量和人均表观消费量均在2014年达到最高点，分别为5 820.8万吨和43.4千克，此后全国猪肉产量和猪肉人均表观消费量增速均明显放缓；同时，消费者对食品安全和肉品质的要求也在显著提升（图2-3）。

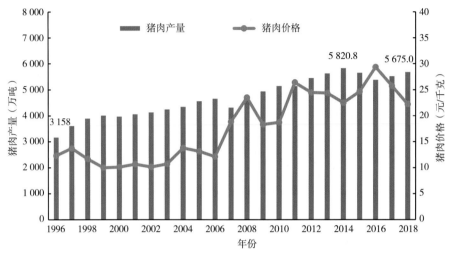

图2-3　1996—2018年中国猪肉产量和猪肉价格变化趋势
（数据来源：国家统计局，农业农村部，博亚和讯）

（2）市场形势发生变化，产业进入门槛不断提高。随着社会经济的持续发展，我国生猪产业面临的市场形势发生了显著变化，猪肉生产和供应能力大幅提升，国际市场大量猪肉及副产品进入国内，导致整个行业的红利逐渐消失；今后我国生猪产业的规模化发展面临着市场竞争日趋激烈、原料与劳动力成本升高、疫病复杂和防控成本高且难度大、环保投入高等多方面不利因素。同时，随着环保政策的持续高压态势、食品安全监管日趋严格、非洲猪瘟疫情来袭倒逼生物安全升级，生猪产业的进入门槛也在不断提高。

（3）生猪产业转移与行业转型升级并行。推进农业供给侧结构性改革，是当前和今后一段时期我国农业政策改革和完善的主要方向。在相关政策的支持下，生猪产业持续北移西进，在重点发展区和潜力发展区重点布局，向玉米主产区和环境容量大的地区转移，实行种养结合和农牧循环；同时，产业转移过程中的重新布局也促进了我国生猪产业的转型升级，如大企业不断向产业链的上下游延伸、产业组织化程度有序提高等。

（4）未来猪肉消费增长空间有限。FAO研究显示，驱动肉类消费增长的主要因素包括人口数量增长、经济增长和人均收入增加、城镇化进程等；由于人口总量即将达到最高峰，同时城镇化和收入水平的增长对于猪肉消费的促进作用将显著低于对禽肉和整个肉类消费的促进作用，因此未来猪肉消费增长空间较为有限。

（5）与此同时，非洲猪瘟疫情加速了中国畜牧业处于转型期攻坚阶段的进程，也揭露出生猪产业素质与发展环境的严重缺陷，同时也中断或干扰了正在优化的产业变革。中国生猪产业定价机制、产品结构、冷链系统、优势区域发展、养殖—屠宰—加工—运销体系都将需要重构；动物蛋白生产和消费格局将发生大幅度的改变，畜产品供求再次失衡后寻求再平衡，安全、健康、价格将是未来肉类消费选择的三大指标。总之，中国猪业将步入产业链、价值链、产业生态重新构建和再平衡，继而建立可持续、规范化发展的猪肉供销系统。

（二）中国肉禽产业发展状况

1.肉禽产业发展历程

我国现代肉禽养殖业起步于20世纪80年代，伴随着农村经济体制改革逐步兴起并发展壮大；此后，成为我国乡村经济中快速发展的产业之一，在我国乡村经济发展中有着不可替代的重要地位。从全国来看，农业产业化经营助推了肉禽产业的迅速发展，以"公司+农户"的形式带动了农村地区肉禽养殖的积极性。到20世纪90年代，我国肉禽产业已经具有相当规模，成为仅次于美国的第二大禽肉生产国。

2.肉禽产业发展现状

中国的禽肉产业呈现典型的多样化发展状态，包括了6个细分产业，分别是白羽肉鸡、黄羽肉鸡、肉杂鸡（817）、淘汰蛋鸡、肉鸭（包括白羽肉鸭、肉麻鸭、番鸭及半番鸭、淘汰蛋鸭）和肉鹅。此外还有特种禽类包括肉鸽、肉用鹌鹑等，因为产量较小且产业化程度较低没有做更具体统计。

国家统计局尚无公开发布的官方禽肉产量数据，也没有细分产业数据统计。可以参照的官方数据只有来自农业农村部的畜牧业统计中公布的历年禽肉产量。根据博亚和讯运行多年的数据库统计测算，结合相关研究机构、协会和企业提供的产业数据，发现我国的禽肉产量被严重低估。

根据博亚和讯数据库的测算，2018年我国禽肉总产量达到2 263万吨，同比增长0.7%，位居世界第2位。其中，鸡肉和水禽肉产量分别为1 404万吨和858万吨。白羽肉鸡和白羽肉鸭占据禽肉产量中的前两位，产量分别达到765万吨和610.5万吨（图2-4）。我国的鸡肉产量居世界第3位，仅低于美国和巴西；水禽肉产量居世界第1位，鸭肉和鹅肉产量分别占据世界总产量的82%和92%。

根据我们对禽肉细分产业的调查和研究发现，由于非洲猪瘟疫情造成猪肉产量和供应量同比下降20%以上，造成肉类供应的短缺和价格的上涨。禽肉产业不同程度地做出反应，各个细分产业都较大幅度地增加了产量，以期填补肉类供应的缺口，同时也存在各种疑虑和发展的瓶颈问题。

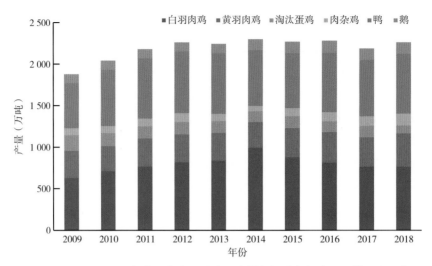

图2-4　2009—2018年中国禽肉细分产业产量数据（数据来源：博亚和讯）

3.肉禽产业发展格局及存在问题

（1）白羽肉鸡产业五大特征。

一是良种繁育体系和框架基本形成，但挑战依然严峻。我国白羽肉鸡产业发展已历经近40年，但种源依赖进口。我国自主繁育的艾维茵肉鸡一度达到市场份额的55%，后因疾病等多种因素影响，2004年淡出。此后，以从美国进口祖代种鸡为主，并形成了白羽肉鸡种源百分之百依赖进口的局面。近年来，福建圣农发展股份有限公司等国内企业开始自主育种工作，未来可有效缓解种鸡依赖进口的局面。

二是产业集中度高，组织方式多样，领先企业群体稳定，发展潜力大。我国的白羽肉鸡产业是在几乎完全的市场竞争环境中成长发展起来，相对于其他畜牧产业，其产业化程度、产业集中度、产业链完整性和成熟度都是最高的。根据博亚和讯的调查数据，2018年全国最大的35家一体化企业和大型屠宰企业的总屠宰量达到36亿只，占全国白羽肉鸡出栏总量的86%；一体化企业合计出栏自养肉鸡20亿只，通过放养、合同养殖和自由市场采购肉鸡16亿只，分别占屠宰量的56%和44%。

三是白羽肉鸡产业的优势区域集中在中东部和东北部。我国白羽肉鸡产业主要集中在中东部和东北部的粮食产区，山东、辽宁、福建、河南和吉林是全国前五大白羽肉鸡主产省。2016年，十大主产省合计的白羽肉鸡产量占全国总产量90%。白羽肉鸡产业向西北发展有较大潜力和战略意义。

四是肉鸡笼养技术和设备的提升和推广有效地提升了生产能力。2015年以来，笼养设备、环控设施、养殖技术快速发展，肉鸡养殖成绩优异，更多的企业改建笼养、新建笼养养殖场，全国白羽肉鸡笼养比例明显提升。笼养可以有效地提升养殖密度和生产性能，还可以节省土地，鸡粪收集和处理也更加高效。但潜在的风险是动物福利问题。目前以出口为主的一体化企业仍然要保留平养，以平养生产的加工鸡肉出口欧盟和日本。

五是白羽肉鸡产品创新和渠道创新有力地促进了消费。白羽肉鸡产品有明显的冷冻转冰鲜，生食转熟食的趋势。据博亚和讯调查，2018年，白羽肉鸡鲜品销售比例提升，更多的一体化企业和屠宰企业加大鲜品销售比例；同时，一体化企业和屠宰企业加大熟食、调理品研发，促进鸡肉产品深加工，从生产初级产品转为生产食品。此外，除了传统的商超渠道，多样化的电商渠道也为白羽肉鸡产品的销售提供了渠道下沉和实现个性化消费的多种方式。

（2）黄羽肉鸡产业。目前我国黄羽肉鸡产业发展需要解决的重点问题是进一步完善产业链，尤其是强化黄羽肉鸡的屠宰上市，以应对未来很可能实施的活禽市场关闭问题；同时应开拓北方市场，增加黄羽肉鸡消费群体。黄羽肉鸡的良种繁育体系相对完善，育种技术和品种资源可以做到基本自主化。

根据国鸡文化推广联盟公布的数据，黄羽肉鸡养殖遍布全国，但以长江流域及其以南地区为主，广东、广西、四川、湖南和云南是我国黄羽肉鸡产量前五大主产省（区），年出栏肉鸡均在2亿只以上，出栏量占全国总量的62%。出栏量最大的10个省市合计出栏肉鸡数量占全国总量的80%。

黄羽肉鸡企业主要采取"公司+农户"的生产组织方式，大部分企业拥有独具特色性状的自主培育品种和繁育体系以及饲料厂，组织农户进行肉鸡养殖，回收肉鸡组织销售。由于绝大部分肉鸡采用活鸡上市销售，产业链止于屠宰环节。

目前，强化黄羽肉鸡屠宰上市能力和北方市场开拓是产业发展的两大难点，也是必须完成的任务。在这个过程中，还牵涉到育种目标的重新设定、饲养营养方案的重新设计、销售渠道的建立和消费者沟通等诸多环节。可以说黄羽肉鸡产业发展到了关键的转折点，如果屠宰上市能力能够取得突破发展以及北方市场开拓卓有成效，黄羽肉鸡产业的增长又将获得新的增长点，并将继续保持稳定的发展趋势。

（3）肉杂鸡产业。在过去20多年的产业发展期内，我国肉杂鸡产业一直存在不规范、高风险和低质量的问题。2018年9月，北京市华都峪口禽业有限公司（下称峪口禽业）推出小优鸡培育品种，可以视作肉杂鸡产业规范化的标志。肉杂鸡产业的产业链构成完全依靠市场机制和规律的驱动，由龙头企业主导。种源方面，峪口禽业等育种公司提供配套系种鸡，但目前大部分养殖企业还是自购肉用种鸡的公鸡与褐壳蛋鸡母鸡杂交自产鸡苗；饲料方面，自产或外包饲料厂代工；养殖方面，基本采用合同饲养方式；屠宰方面，自有屠宰厂与外包屠宰业务结合；销售方面，以经销商批发销售为主，开始推广自有品牌。

目前，我国肉杂鸡产业存在的问题主要是种源的稳定性。随着峪口禽业新品种的推广，在繁育上规范化，同时在养殖上表现出鸡群整齐度提高、生产性能稳定和可预测度提高；避免了原有的白鸡和蛋鸡简单杂交模式在以上各方面产生的缺陷。因此，在保障种源稳定的基础上，肉杂鸡产业能否实现规范化发展将是未来可持续发展的关键因素。

（4）水禽产业。中国是世界最大的水禽生产、消费和出口国，鸭肉和鹅肉产量分别占世界总产量的82%和92%。根据国家水禽产业技术体系收集和博亚和讯整理的数据，2018年中国肉鸭总出栏量36.8亿只，同比增长20%；其中白羽肉鸭29.45亿只，同比增长16%；肉麻鸭和淘汰蛋鸭出栏5.4亿只，同比增长14.6%；番鸭、半番鸭出栏2.0亿只，同比增长11.9%；鹅出栏5.4亿只，同比下降0.8%。如果按照所产肉类产量计算，白羽肉鸭的鸭肉及可食副产品产量611万吨；肉用麻鸭和淘汰蛋鸭合计鸭肉产量69万吨；番鸭和半番鸭合计鸭肉产量39万吨；鹅肉产量139万吨。2018年，中国的水禽肉产量合计为858万吨，占全国肉类总产量的9.4%，超过了牛肉（7%）和羊肉（5%）占肉类总产量的比例；2018年中国水禽肉的人均表观消费量为6.2千克。

从产量方面来看，近10年来，水禽肉产量占我国肉类产量比例基本保持在10%左右，虽然占比不高，但也是肉类供应的重要组成部分（图2-5）。按照目前禽肉生产基础和生产能力可以推算，至2020年，水禽肉产量将超过1 100万吨，占肉类消费比例15%；白羽肉鸭占比在11%左右，其他水禽肉占比约4%。

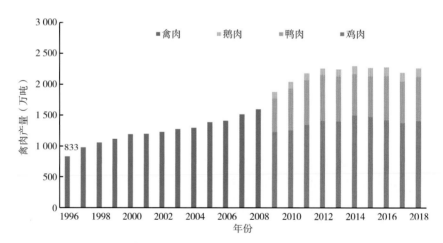

图2-5　1996—2018年中国禽肉产量及结构变化趋势（数据来源：国家统计局，博亚和讯）

4.肉禽产业未来发展趋势

非洲猪瘟对我国生猪产业造成了重大影响，猪肉产量一度出现大幅下降，且恢复到正常水平还需要较长时间。因此，肉禽产业得到了一个非常良好的快速发展机遇，一是禽肉产量快速增加，二是禽肉在我国居民肉类消费量中所占比例将快速提升。

（三）我国肉牛产业发展现状

1. 我国肉牛业发展历程

我国养牛的历史悠久，但主要品种以黄牛为主，养牛的目的是以役用为主、肉用为辅。在20世纪50年代以前，我国大量养殖耕牛用于发展农耕生产，肉牛生产主要是来自淘汰的耕牛，部分肉牛来自牧区。真正的肉牛养殖起步于20世纪80年代末，伴随着现代化农业生产的发展，我国黄牛逐渐由役用转变为肉用；国务院正式取消禁宰耕牛的规定后，农区肉牛生产发展迅速，使养牛业成为我国现代农业和畜牧业的重要组成部分，在推进农业产业结构调整、提高城乡居民生活质量、促进农民增收等方面具有重要作用。改革开放以来，我国养牛业发展加快，通过品种改良逐渐实现了从役用型品种向肉用型品种的根本性转变。随着人们消费意识的加强和生活水平的提高，牛肉消费需求一直在增加，肉牛养殖得以在我国迅速发展；20世纪90年代，我国肉牛产业展现出良好的发展势头，开始向规模化、集约化迈进；到20世纪末我国成为世界牛肉生产大国；到2018年，我国肉牛存栏6 618万头，出栏4 397.5万头。牛肉产量达到644万吨，比1978年增长了19倍，成为仅次于美国和巴西之后的第三大牛肉生产国。

2. 我国肉牛产业生产格局

我国肉牛生产优势区域的分布格局经历了从牧区到农区的变化过程，逐步形成了东北、西北、西南和中原四大肉牛优势区（图2-6）。

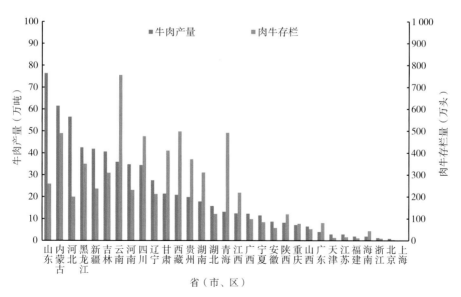

图2-6　2018年中国各省（市、区）牛肉产量和肉牛存栏量（数据来源：国家统计局）

我国肉牛产业发展优势区域规划包括四个主要产区：中原肉牛带（河南、山东、河北、安徽等4个省7个地市38个县市）、东北肉牛带〔辽宁、吉林、黑龙江、内蒙古等4个省（区）的7个地市24个县市、旗〕、西南肉牛带〔广西、贵州、云南、四川、重庆等5个省（市、区）〕、西北肉牛带〔新疆、甘肃、陕西、宁夏等4个省（区）〕。其中，以中原肉牛带与东北肉牛带的发展最为强劲。

3. 我国肉牛产业现状及存在问题

（1）肉牛存栏量下降、牛肉产量增速缓慢。我国肉牛产业在经历了前期的快速发展之后，近10年来全国肉牛产业增长缓慢。2016年达到7 441万头，此后连续两年出现下降趋势。2018年，我国肉牛存栏6 618万头，相比2016年下降11.1%（图2-7）；甚至还低于2010年的肉牛存栏量。2018年全国牛肉产量644万吨，虽然近年来呈增长趋势，但增速极为缓慢，自2008年以来，年均递增仅0.4%（图2-8）。

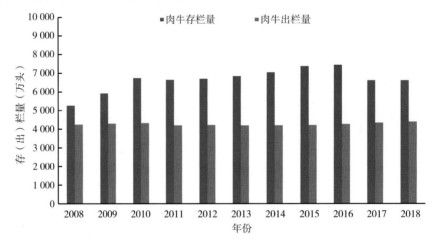

图2-7　2008—2018年中国肉牛存栏量和出栏量变化趋势
（数据来源：《中国畜牧业年鉴》《中国畜牧业统计》）

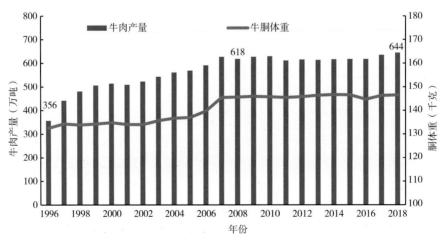

图2-8　1996—2018年中国牛肉产量和牛胴体重变化趋势（数据来源：国家统计局）

（2）良种化程度低，饲养技术水平落后。我国肉牛良种化普及率低，特别是一些优良的地方品种，开发利用程度还不够。肉牛的整体生产能力和生产效率较低，与国内快速增长的牛肉消费需求差距很大；普通农户的饲养管理技术相对落后，肉牛养殖水平不高。2018年，我国肉牛的平均胴体重为146.5千克，仅相当于美国的39.6%、欧盟国家的52.6%、巴西的58.3%，甚至还略低于世界平均水平。

（3）**肉牛养殖投资大，回报周期长，市场对肉牛繁育和母牛养殖投资意愿低。**肉牛养殖投资大，并且资金回报周期长，养殖贷款难度大，尤其是在肉牛繁育和母牛养殖方面，企业的投资意愿较低，限制了整个产业的持续发展。一个存栏20头的规模养殖户，仅购入架子牛投入就需7万～8万元，加上固定投资和饲料费用至少需要投入资金10多万元，如果发展母牛养殖，需要资金投入更大，对于经济不富裕的普通养殖户来说根本无法承受。同时，养殖户难以获得信贷资金的支持。对于企业来说，则更愿意在肉牛育肥和屠宰方面进行投资，可以在较短的时间内得到回报，而对于肉牛繁育和母牛养殖等环节基本没有投资意愿，无人投资养殖母牛成为整个产业的大问题。

（4）**国内养殖效益低，进口牛肉冲击国内市场。**由于肉牛养殖成本较高以及大量收购架子牛快速育肥的产业链下利益分配不合理，导致肉牛养殖效益较低，严重影响发展肉牛规模养殖积极性。加之受国内资源环境限制，肉牛饲养成本高，肉品质和竞争力显著低于进口产品；在人均消费量不断增加的市场需求带动下，由于国内牛肉供应不足产量提升慢，导致牛肉的进口量持续增加。2018年全国累计进口牛肉107.1万吨，同比增长49.6%，已超过美国，成为世界第一大牛肉进口国。

4. 我国肉牛产业未来发展趋势

近年来，随着广大农区，特别是平原地区农业机械的逐步普及，养牛从过去的役用转变为现在的肉用，农民不再因为耕种农田而饲养黄牛，农村役用牛数量逐渐减少，国内肉牛存栏量出现下降趋势。

随着我国经济的快速发展，居民收入水平不断上涨以及伴随着膳食结构的改善，牛肉的消费将会逐步提高。但受国内资源环境限制，牛肉产量供应不足、产量难以提升。因此，预计未来国内牛肉产量增长空间不大，为了满足不断增长的市场消费需求，牛肉的大量进口已是难以避免的现实问题。

（四）中国养羊业发展状况

1. 我国养羊业发展历程

自20世纪90年代以来，我国养羊产业生产始终保持较快的发展速度，羊肉产量不断增加。从羊的存栏量来看，1996年全国羊存栏量为23 728万只，到2004年达到最高峰30 426万只，此后受草原保护和禁牧政策影响，羊存栏量逐渐趋于稳定，到2018年全国羊存栏量达到29 714万只（图2-9）。与此同时，我国的羊肉产量呈快速增长的趋势，从1996年的181万吨增加到2018年的475万吨，22年间羊肉产量增长了1.62倍，年均递增4.48%，主要是得益于肉羊胴体重的增长和出栏率的提高（图2-10）。

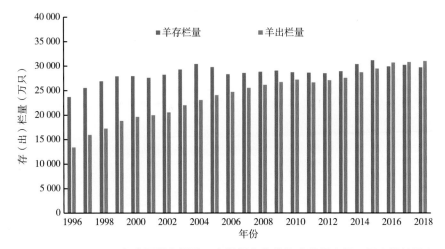

图2-9　1996—2018年中国羊存栏量、出栏量变化趋势（数据来源：国家统计局）

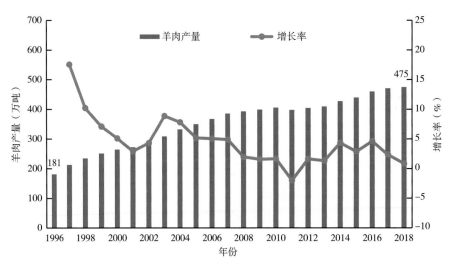

图2-10　1996—2018年中国羊肉产量变化趋势及增长速度（数据来源：国家统计局）

2. 我国养羊产业的生产布局

我国养羊生产的区域化特征非常明显，产业集中度逐渐提高。从主要生产区域的分布来看，基本上全国各省份均有养羊生产，近10年来全国的羊存栏数量相对稳定，出栏量增加缓慢，但从生产区域变动来看，我国肉羊生产有进一步集中发展的趋势。从总体上看，我国养羊生产不断地向内蒙古、新疆、四川、甘肃、云南、黑龙江等省（区）集中，牧区总体保持上升态势。

我国传统的五大牧区（内蒙古、西藏、青海、新疆、甘肃）的羊出栏量持续增加，出栏量占全国的比重从1996年的31%提高到2018年41%，同时羊肉产量占比从34.8%提高到了43.8%。其中以内蒙古增速最快，2018年羊出栏量6 391万只，占全国存栏量的比例达到20.6%，比1996年增长3.5倍，年均递增7.1%；羊肉产量占全国的比例达到22.4%，比1996年增长4.0倍，年均递增7.6%。四川、云南、宁夏、湖南、湖北、黑龙江等省（区）的羊出栏量均呈增长趋势，占全国出栏量的比例也在逐年提高，羊肉产量逐渐增加。河北、山东、河南、安徽是我国养羊主产区中典型的农区省份，近年来羊出栏量占全国比例基本都出现下降的趋势；其中安徽的羊出栏量增长缓慢，河北、河南的羊出栏量基本保持稳定，山东的羊出栏量则明显出现下降趋势。北京、上海、天津、江苏、浙江等省（市）羊出栏量及占全国比例均呈下降趋势（图2-11）。

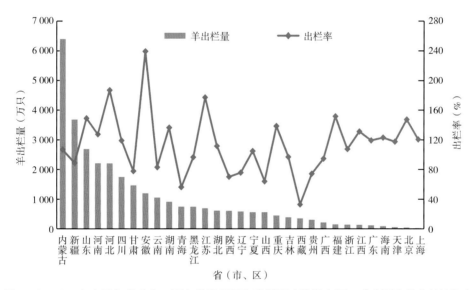

图2-11　2018年中国各省（市、区）羊出栏量和出栏率（数据来源：《中国畜牧业统计》）

3.我国养羊产业发展现状

（1）总存栏数量相对稳定，出栏量及羊肉产量增加缓慢。近10年来，我国羊的总存栏量基本稳定在3亿只左右，总出栏量和羊肉产量呈逐渐增加的趋势，但增速放缓（图2-12、图2-13）。

（2）养殖生产水平逐渐提高。随着我国畜禽养殖业的持续发展，养羊业生产水平也在逐渐提高。一是羊的出栏率逐年提高，1996年全国羊的出栏率仅为61.7%，到2018年提高到102.6%。二是羊平均胴体重逐渐增加，1996—2018年，全国羊平均胴体重提高了13.5%，累计增加1.83千克，年均增长0.58%（图2-14）。

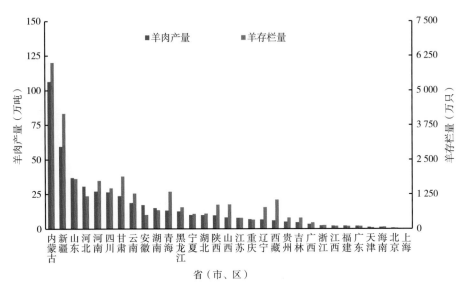

图2-12　2018年中国各省（市、区）羊肉产量和羊存栏量（数据来源：国家统计局）

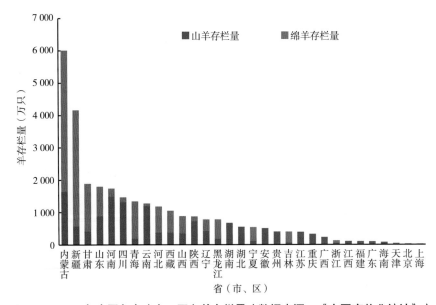

图2-13　2018年中国各省（市、区）羊存栏量（数据来源：《中国畜牧业统计》）

（3）养羊业在畜牧业中的地位稳步上升。随着市场消费需求的增加，羊肉价格快速上涨，养羊业产值持续增加，直观地反映出养羊业在畜牧业中的地位稳步上升。1996年我国羊肉产量占肉类比例为3.9%，养羊业的产值仅占畜牧业产值的5%；到2018年，羊肉产量占全国肉类总产量的5.2%，同时养羊业的产值达到2 310亿元，占到全国畜牧业产值的7.9%。

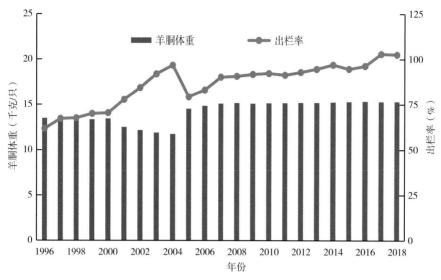

图2-14　1996—2018年中国养羊出栏率及羊平均胴体重变化趋势（数据来源：国家统计局）

（4）规模化养殖程度不断提高，但养羊生产仍是以散养为主。 在饲养方式上，小规模的农牧户养殖仍占主体，农牧区普遍正在逐步由放牧转变为舍饲和半舍饲，以便充分利用农区丰富的秸秆资源和闲置劳动力，这一定程度上缓解了放牧对草地资源和生态环境的压力，为养羊业的持续发展带来新的机会。总体来看，我国农户养羊规模不断增加，规模化程度不断提高，近年来在农区出现大量养殖小区，这或将成为未来养羊业的新的发展方向。

4. 养羊业未来发展趋势

未来国内养羊生产的增长将主要依赖技术进步、科学管理以及效率提升等。随着改革开放持续深入，农区经济发展水平提高，远高于牧区；农区城市化进程要快于牧区，从事畜牧生产尤其是养羊生产比较效益下降，制约了相关产业的发展。与此同时，牧区的相对资源优势及产业竞争激烈程度则低于农区，相对而言，有利于肉羊产业的进一步发展；牧区的肉羊生产较为集中，具有相对的规模优势和区域性比较优势。

未来随着牧区资源趋于紧张以及农区养殖积极性的下降，我国未来养羊产业发展将趋于稳定，羊肉产量增长空间将下降。人均羊肉消费量的增长将主要依赖进口量的增加。

二、我国蛋禽产业发展形势

1. 我国蛋禽产业发展历程

我国蛋禽产业主要包括蛋鸡产业、蛋鸭产业，其中以蛋鸡产业为主。改革开放以来，中国蛋禽产业取得了举世瞩目的发展成就。随着蛋禽产业的发展，我国禽蛋产量快速增长，据FAO统计，我国禽蛋产量在1984年超过美国，1988年超过欧盟。多年来，我国一直是世界第一的禽蛋生产国，1998年禽蛋产量突破2 000万吨，2015年超过3 000万吨；2018年达到3 128万吨（图2-15），约占世界禽蛋总产量的38%；其中鸡蛋产量近2 500万吨，占比79%，鸭蛋产量306.9万吨，占比9.8%，另有鹌鹑蛋和鹅蛋等其他禽蛋。从历年禽蛋产量变化来看，2008年以前我国禽蛋产量快速增长，年均递增率达到2.7%；2008年以后，禽蛋产量增长趋势明显放缓，年均递增1.7%。

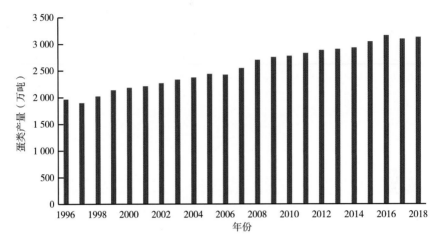

图2-15　1996—2018年中国蛋类产量变化趋势（数据来源：国家统计局，农业农村部）

2.我国蛋鸡产业发展现状

（1）我国蛋鸡产业结构。我国蛋鸡饲养品系可划分为高产配套系蛋鸡、地方特色蛋鸡、草蛋鸡等，其中全国以高产配套系鸡蛋为主。2018年全国高产配套系鸡蛋产量为1 767万吨，占到全国鸡蛋产量的57%。

（2）我国蛋鸡饲养品种渐趋多样化。我国蛋鸡育种工作起步较晚，曾祖代和祖代蛋鸡曾经长期高度依赖进口。近年来，在农业主管部门以及相关政策的扶持和引导下，伴随着育种技术的不断更新，国内自主培育的"京红1号""京粉1号"及"农大3号"矮小型蛋鸡等品种相继成功面市。

由于全球范围内的禽流感频频暴发，2014年以来美国、法国、西班牙等国家相继封关，进口祖代鸡数量逐渐下降，2017年3月以后加拿大成为唯一的祖代蛋鸡进口国。在祖代蛋鸡进口渠道受阻的情况下，我国自主培育的"京红1号""京粉1号"及"农大3号"矮小型蛋鸡等品种的推广量逐渐增加，有力地推动了国产蛋鸡品种市场占有率的快速提升，目前已经占据国内市场的半壁江山，逐渐改变了长期以来我国蛋鸡品种高度依赖进口的局面，有利于保障我国蛋鸡产业的安全、稳定、持续的发展。

目前，我国饲养的蛋鸡品种逐渐趋于多样化，国产品种以京红、京粉、农大3号为主，进口品种以海兰、罗曼等为主。随着我国自主培育蛋鸡品种的大量推广以及市场形势的不断变化，我国祖代蛋鸡养殖企业的数量也在快速下降，据统计，2010年全国有祖代蛋鸡养殖企业105家，到2019年仅剩下不足15家。

（3）规模化蛋鸡养殖的规模化程度不断增加。目前，我国的蛋鸡养殖模式逐渐由传统散养生产向商品化、规模化、标准化迈进，从粗放型增长转为提质增效型发展。近年来，我国蛋鸡养殖的规模化程度不断增加，散养户加速退出。据农业农村部统计数据，2018年全国1万羽以下蛋鸡规模化占比为51.5%，较2010年下降20.6个百分点；1万～50万羽蛋鸡规模化占比45.8%，较2010年增加18.45个百分点（图2-16）；同时随着技术和资金的配套和支持，我国百万羽蛋鸡养殖项目如雨后春笋般地涌现，据博亚和讯统计，2015—2019年全国新建百万羽蛋鸡养殖项目累计新增产能规模达3亿羽以上，贵州、广东、广西等非传统主产区的蛋鸡养殖规模明显增加。

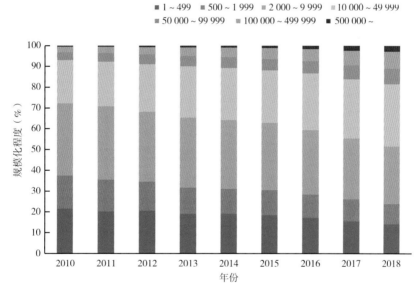

图2-16　2010—2018年我国蛋鸡养殖规模化程度（数据来源：国家统计局）

（4）蛋鸡养殖生产形成新格局。近年来，随着蛋鸡产业集约化、规模化的发展以及养殖技术水平的提高，我国蛋鸡产业主产区逐渐由北向南转移，由传统的养殖密集区向非密集区转移，并导致我国蛋鸡养殖生产格局出现了新的变化。山东、河南、河北、辽宁、安徽等传统典型主产区的蛋鸡养殖总量不断减少，尽管养殖场的平均养殖规模有所提高，但总体的供应能力和辐射半径在不断下降。传统非主产区的养殖总量和平均养殖规模都显著提高，湖北、江苏、四川、广东等地蛋鸡养殖规模日益增加，各地区的消费逐渐转向以本地化供应为主。从总体上看，传统主产区的鸡蛋外调供应量减少，南方销区的本地供给量不断增加，"北蛋南运"趋势逐渐减弱，传统的产销区域之间的界限也在不断弱化；全国逐渐形成了以供应京津冀、长三角、珠三角三大城市群的消费为目标的养殖生产区域化新格局（图2-17）。

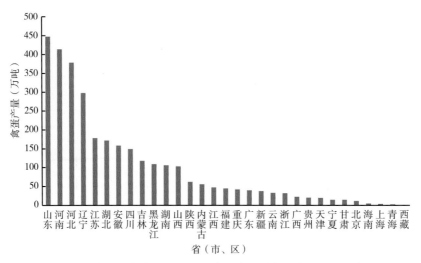

图2-17 2018年中国各省（市、区）禽蛋产量（数据来源：国家统计局）

3. 我国蛋鸭产业发展现状

2015年以来，受环保因素影响我国蛋鸭产量持续下降，2018年鸭蛋产量306.91万吨。

我国饲养的主要蛋鸭品种可分为蛋用型和兼用型两大类。其中，蛋用型鸭的主要品种：金定鸭、绍兴鸭、攸县鸭、荆江麻鸭、卡基康贝尔鸭等；兼用型鸭的主要品种：高邮鸭、建昌鸭、四川麻鸭、固始鸭等。

我国蛋鸭产业布局与发展呈现明显的依托资源优势、技术优势和区域性集中分布。

（1）**以水源地为中心的产业布局**。蛋鸭产业对水资源的依赖性仍然较大，水资源条件相对充足的省份，产业集中度较高。例如，以长江流域充沛的水资源为依托形成的蛋鸭产业集中发展带，蛋鸭养殖量占全国总量的60%以上。我国蛋鸭存栏量较大的省份（湖南、湖北、安徽、江西、江苏）都位于这一区域。

（2）**以技术进步带动农户参与养殖的产业发展方式**。随着蛋鸭养殖技术的提高，蛋鸭笼养、旱养等新型养殖方式的推广，近年来蛋鸭养殖能够在全国大部分地域迅速推广开来，使得我国北方、西南、西北等地区蛋鸭产业从无到有并且迅速发展，如山东、四川、吉林等省。目前，我国蛋鸭养殖已经覆盖了全国25个省（市、区），且养殖范围还在不断扩张。

（3）**以优势产业带动产业发展的生产带动型产业布局特征明显**。如江汉平原区形成以蛋鸭产品加工业为中心，辐射带动蛋鸭养殖业及相关机械制造、饲料供给等辅助产业，并最终形成较为完整的蛋鸭养殖生产产业链；福建、浙江等地区则形成以种鸭孵化为中心，带动蛋鸭养殖业发展的蛋鸭产业发展模式。

随着产业结构的调整和技术进步，蛋鸭养殖区域呈现出"北扩南移、西进东突"趋势。浙江、安徽、湖北、湖南、江西、四川、重庆等传统养殖区是我国蛋鸭养殖的重点区域。南方蛋鸭养殖规模也在不断地扩大，特别是福建、广东等省近年来蛋鸭养殖规模增长势头明显；东北地区近些年蛋鸭的养殖量也在逐步增加。由于环保等因素，散户退出市场，蛋鸭规模化养殖程度不断提高。

4.我国蛋禽产业发展存在的问题

（1）"小规模、大群体"是我国蛋禽产业的典型特征。 近10年，我国蛋鸡产业的标准化、规模化发展趋势越来越明显，蛋鸡行业整合进程也不断加快，商品代蛋鸡养殖规模化程度已有较大提升，但我国蛋禽产业的"小规模、大群体"的格局仍未改变。据行业统计，2018年我国存栏量在10 000只以下的中小规模蛋鸡养殖场/户约占全国蛋鸡总存栏量的60%；2 000只以下的小规模养殖户存栏量仍占总饲养量25%左右。由于对市场信息的掌握不够全面，养殖计划性较差，对市场风险判断和应对能力很弱，中小规模养殖户更易受到产业周期性波动影响和突发事件的冲击，难以抵御短期价格波动带来的风险。

（2）生产成本不断攀高。 近年来，鸡苗成本、饲料成本、人工成本、防疫成本均在不断上涨，其中饲料成本占蛋鸡养殖成本的比重较大，饲料价格上涨是导致蛋鸡业成本增加的最主要因素。调查显示，部分中小规模蛋鸡养殖户的饲料成本占比接近75%，其次为鸡苗成本，规模化养殖场比中小型养殖户更加注重蛋鸡苗的质量，通常优质鸡苗的进价要明显高于普通品种。

（3）蛋类加工量比例较低。 我国的现代蛋类加工业起步较晚，主要以鲜蛋消费为主，鸡蛋加工比例低、大型蛋类加工企业数量少，蛋类加工比例远低于日本、美国、欧洲等国家。

（4）疫情对产业影响较大。 疫情对蛋禽养殖效益、产品价格及企业发展等均会产生重大影响，近年来农业农村部组织开展的中长期重大动物疫病防控战略规划专题研究，其中就包括对蛋鸡相关疫病的研究。FAO根据生物安全水平，将养殖场分为四类：第一类是具有高生物安全水平的工业化整合系统；第二类是具有中至高生物安全水平的商业化畜禽生产系统；第三类是仅有低至最低的生物安全的商业化畜禽生产系统；第四类是仅有最低生物安全的庭院式生产。由于我国蛋禽产业"小规模、大群体"的典型特征，据FAO方式分类，我国还有近1/4的蛋鸡养殖场/户处于低至最低的生物安全水平，疫病防控形势依然艰巨。大规模的蛋鸡养殖企业积极采取措施防控疫情，如北京德青源农业科技股份有限公司、北京市华都峪口禽业有限责任公司、湖北神丹健康食品有限公司、四川圣迪乐村生态食品股份有限公司等企业均建立了严格的疫病监测防控系统，处于高生物安全水平。2016年冬季至2017年春季发生的H7N9事件，严重影响了鸡蛋价格、淘汰鸡价格、鸡苗价格的走势，持续时间约为6个月。据初步测算，该事件导致整个行业总计损失约为230亿元。

（5）环保问题以及废弃物处理与资源化利用始终是困扰产业发展的难题。目前，养殖粪污处理仍以自然堆放和直接还田居多。不仅造成资源浪费，而且对养殖和生活环境造成污染，不利于行业健康发展。发展有机肥见效慢，还存在市场价格较高、推广难度大、市场接受度较低的问题。

5. 我国蛋禽产业未来发展趋势

中国鸡蛋消费主要以居民家庭鲜蛋消费为主，近年来城乡居民对鸡蛋消费的收入弹性持续下降，增加鸡蛋市场需求的动力主要来自人口增长和城镇化的推进。目前非洲猪瘟疫情背景下，禽蛋成为居民生活中性价比最高的蛋白来源，尤其是鸡蛋。但由于我国人均禽蛋表观消费量已经位居世界前列，预计未来禽蛋消费量增长空间不大，增长速度极为缓慢。在目前的禽蛋产品结构中，品牌鸡蛋在蛋类消费量中所占比例偏低，未来市场发展潜力巨大，不仅能提升鸡蛋溢价能力，同时具有安全、新鲜及可追溯的特质；随着市场消费需求的增加，蛋禽养殖将更多地向改善鸡蛋品质、提高品牌鸡蛋所占比例靠拢，提高禽蛋的产品的价值；蛋类产品的消费形式也将从鲜蛋消费为主趋于多样化，蛋品加工量或将逐渐增加。同时，禽蛋消费需求的多样化也将拉动蛋禽养殖和生产的多样化发展。

三、中国奶业发展形势

1. 我国奶业发展历程

改革开放以前，我国奶业早期基础薄弱，奶牛群体数量少、整体生产水平低，奶业发展比较缓慢。党中央国务院积极调整农业政策，不断鼓励和扶持奶业发展，积极对外引进高产奶牛、先进的奶业技术及设备等，极大地促进和带动了我国奶业的发展。1996年至今，中国奶类生产取得了巨大进步，奶类生产能力快速提升，市场消费量迅速增长。1999—2009年中国奶业高速发展，奶类产量和牛奶产量在2001年均突破1 000万吨，2004年实现2 000万吨，2008年均达到3 000万吨以上；2009—2018年，受生产成本不断提高、进口乳品量大幅增长、食品安全事件等因素的影响，我国奶类产量增长速度逐渐放缓，每年仅能实现微量增长。总的来看，1996—2018年，中国的奶类产量和牛奶产量年均递增率分别为6.9%和7.5%。

2. 我国奶业发展现状

中国是奶类生产大国之一，2018年全国奶类产量达到3 176.8万吨，约占世界奶类总产量的3.8%。中国饲养的奶畜种类较多，是世界上拥有奶畜种类最为丰富的国家，奶源主要来自奶牛。2018年全国牛奶产量3 075万吨，占奶类产量的96.8%；羊奶次之，羊奶及其他奶类产量约102万吨；其他奶畜的奶类产量较小（图2-18）。

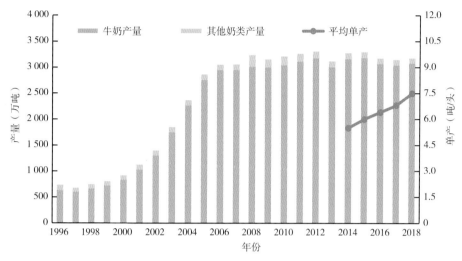

图2-18　1996—2018年中国奶类产量变化趋势（数据来源：国家统计局，农业农村部）

2018年，全国奶牛存栏量1 037.7万头，约是1996年的2.32倍；其中约85%为中国荷斯坦奶牛及其杂交改良牛，这是目前中国饲养奶牛的主要品种。

目前我国奶牛养殖的方式主要是草地放牧、家庭农牧混合饲养、集约化规模养殖3种方式。①西部和东北部的牧区以及南方草山地区，主要采用草地放牧的饲养方式。放牧方式的饲养生产成本很低，但严重依赖自然环境、草场资源、气候变化等因素，奶畜单产水平较低，尤其是受到干旱、虫灾、雪灾等的影响较大；草场的牧草状况、载畜能力等因素，往往使饲养规模受到很大约束和限制。②农区和半农半牧区，主要采用家庭农牧混合饲养的饲养方式。养殖户利用家庭劳动力养殖奶畜，兼营养殖和种植，通过自家/当地饲草资源，粪污经土地消纳，形成小范围的种养平衡。一般农户土地较少，养殖规模也相应较小，养殖规模较大则发展成为养殖小区。③集约化规模养殖方式遍布各地，尤其是在2008年以后快速发展。这种生产方式一般养殖规模较大，投入资金较大，使用先进的技术、机械设备并采用现代化的饲养管理方式。目前，主要是通过高投入、高养殖密度、高效率、高产出的养殖方式来满足奶类市场消费需求，并保证奶类的均衡供应以及保障奶产品质量安全。

3. 我国奶业发展布局

中国奶业生产主要布局在北方地区。我国奶牛养殖和奶类生产遍布全国31个省、市、区，但主产区主要分布在北方地区。2018年，全国奶类产量在100万吨以上的省（区）共有9个，全部位于北方地区，约占全国奶类产量的80%；北方地区15个省（市、区）的奶类产量占全国奶类产量的88%。从奶畜种类来看，牛奶产区在各省（市、区）均有分布（图2-19），水牛奶主要分布在广西、广东、云南、湖北、福建等南方地区，牦牛奶主要分布在西藏、四川、青海、云南、甘肃、新疆等青藏高原及周边地区，山羊奶主要分布在陕西、山东、河南、吉林、黑龙江等北方地区以及云南、四川等西南地区，绵羊奶主要分布在内蒙古、甘肃等少数地区。

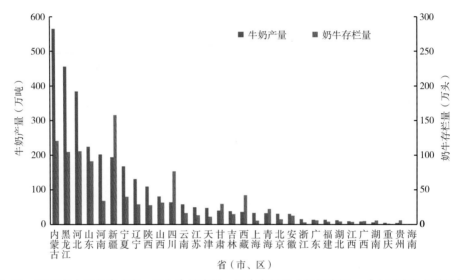

图2-19　2018年中国各省（市、区）牛奶产量、奶牛存栏量（数据来源：《中国畜牧业统计》）

2008年以来，全国奶牛标准化规模养殖持续推进，奶牛场的数量不断减少、平均存栏规模增加，这与发达国家奶牛群体变化趋势基本一致。到2018年，全国奶牛规模化养殖程度已有大幅提高，奶牛存栏量在100头以上的养殖场比例已经达到61.4%，比2002年提高了将近50个百分点。尽管奶牛养殖场数量在不断减少，但随着科学饲养方式和现代化管理技术的广泛应用，奶牛单产不断提高，全国牛奶总产量持续增加。2018年全国荷斯坦奶牛平均单产约为7.5吨，比2008年提高了53%。

我国奶畜养殖成本明显高于世界主要奶类生产国家，使得生鲜乳收购价格相对较高。据农业农村部监测，2018年全国主产省①生鲜乳价格全年均价为3.46元/千克，而同期IFCN统计的国际原奶价格为2.26元/千克，国内生鲜乳收购价格比国际原奶价格高47.7%（图2-20）。从历史数据来看，长期以来国内生鲜乳的收购价格均高于国际原奶价格。

---

① 全国10个生鲜乳主产省（区）：河北、山西、内蒙古、辽宁、黑龙江、山东、河南、陕西、宁夏、新疆

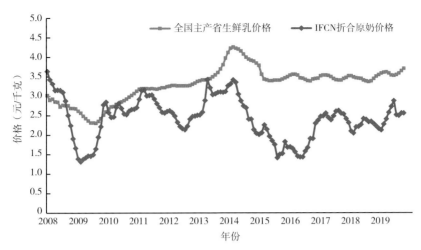

图2-20　2008—2019年全国主产省生鲜乳价格和IFCN折合原奶价格比较
（数据来源：农业农村部，IFCN）

4. 我国奶业发展存在的问题

尽管我国奶业得到了快速发展，奶牛养殖的规模化程度大幅度提高，奶类总产量跻身世界前5名，但我国奶业发展仍面临着诸多的问题和挑战。

（1）**奶牛存栏不断下滑，生鲜乳产量增长缓慢。**据农业农村部和中国奶业协会统计数据，自2008年以来，全国奶牛存栏量呈稳中缓降的态势（图2-21）；2018年全国奶牛存栏1 038万头，比2008年减少了15.7%；中小养殖户大量退出，存栏100头以上的养殖场/户所占比例从2008年的19.5%提高到2018年的61.4%；近年来生鲜乳收购站也出现陆续关闭的情况。生鲜乳产量增长缓慢，区域化供给特征明显，奶类自给能力不足。2018年全国奶类总产量3 078万吨，同比略增0.9%；与2008年相比，全国奶类产量仅增长了2.1%，年均递增0.21%。

（2）**改良种用牛和优良牧草大量依赖进口。**随着以荷斯坦奶牛为主的奶牛群体的建立，我国奶业的快速发展带动了高产奶牛和冷冻精液以及胚胎的进口需求，进口量逐年增加，特别是在2001年以后进口量增速较快。2014年改良种用牛进口量达到21.5万头，创造历史最高峰，2018年改良种用牛进口量为4.1万头，比2014年下降81%，进口金额7 395万美元，比2014年下降88%。目前我国改良种用牛的来源国仅限于澳大利亚、新西兰、乌拉圭和智利，其中以澳大利亚和新西兰为主。

中国规模奶牛养殖场的快速发展，也拉动了优质粗饲料的进口需求。由于国内优质牧草资源短缺不能满足供应，2008年以后饲草进口量快速增长，进口饲草主要是苜蓿干草和燕麦干草。2014年，苜蓿干草和燕麦干草的总进口量突破100万吨；2018年的总进口量达到167.7万吨，其中苜蓿干草138.1万吨，是2008年进口量的78倍，苜蓿干草主要来源于美国。

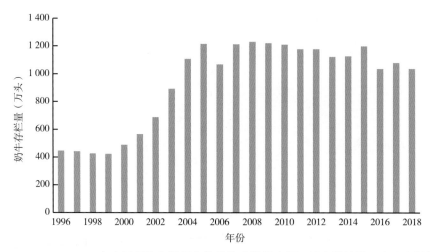

图2-21　1996—2018年中国奶牛存栏量变化趋势（数据来源：国家统计局，农业农村部）

（3）民族品牌的信任危机仍未解除，乳制品进口冲击国内奶业。国内生鲜乳收购价格居高不下，奶类产量增长乏力，随着市场消费需求的增加，进口乳制品大量涌入，逐步蚕食国内市场。根据中国奶业协会统计数据，国内奶粉产量自2013年达到159.8万吨以来持续下降，2018年全国奶粉产量为99.7万吨，同比下降24.3%，比2013年下降37.6%。2008年三鹿奶粉事件造成国内乳品品牌的信任危机，进口奶粉快速增加，在2015年之后再次呈现快速增长趋势，国内奶粉消费大部分依赖进口。据国家海关总署统计数据进行折算，近年来我国乳品进口量持续快速增长，2018年进口乳制品总量为263.5万吨，同比增加6.7%，其中奶粉80.1万吨，同比增长11.0%，婴幼儿配方奶粉32.3万吨，同比增长9.2%。伴随着我国居民乳制品人均消费量的持续增长，却没有带动国内乳制品产量增长，可见当年三鹿奶粉事件所造成的信任危机仍未解除。受国际市场进口乳制品冲击，国内生鲜乳产量增速缓慢趋势明显，国产乳制品所占的市场份额逐渐被压缩。

（4）养殖效益减少，奶农卖奶受制约。根据农业农村部监测数据，国内生鲜乳收购价格仅在2014年上半年超过4元/千克，近5年以来基本上维持在3.5元/千克左右。由于国内生产成本相对较高，生鲜乳价格则相对低迷，养殖效益持续减少，部分乳企时常出现限收拒收现象和捆绑销售现象，进一步挤压了奶牛养殖利润。按我国当前的相关法律法规，生鲜乳只能销售给奶站，无其他销路；奶农对自己生产的生鲜乳进行加工需要取得相应的生产许可，实际上奶农卖奶受到各种现实条件制约，导致养殖效益不佳。据农业农村部监测，2018年全国生鲜乳平均收购价格为3.46元/千克；据国家发展改革委农产品成本收益监测，2018年散养奶牛的平均净收益约为5 664元/头，小规模奶牛养殖的平均净收益约为6 270元/头，中等规模奶牛养殖的平均净收益约为6 660元/头，大规模奶牛养殖的平均净收益约为6 965元/头。

5. 我国奶业未来发展趋势

经过不断的改革和发展，当前中国奶业发展平稳、转型升级明显加快，整体素质不断提升，现代奶业的格局初步形成，发展态势良好。从奶类产量和消费数量上看，中国已是名副其实的世界奶业生产大国和乳品消费大国；从政策上看，奶业是国家优先发展的产业，为规范和推动奶业发展，颁布了一系列法规、标准；奶业发展备受国内外同行的关注，社会宏观大环境非常有利于奶业的发展。

从奶业生产的角度来看，我国奶业难以快速发展，奶类产量也难以大幅度提升。受国内环境及相关资源的限制，我国奶牛养殖成本高、生鲜乳产量短期内难以大幅提升，同时乳品行业加工企业普遍性的高收益与养殖行业的低收益甚至全面亏损的矛盾一直存在，国外奶粉大量进口的替代影响等，均使国内奶业发展受到一定的限制。

从乳制品消费的角度来看，未来我国乳制品消费增长还存在以下制约因素。一是由于饮食结构的差异，我国居民乳制品食用频率很低，加之一部分人乳糖不耐症，一定程度上限制了乳制品消费的增长。二是我国奶类产品相对单一，乳制品的消费主要以液态奶为主，其中高温奶占据大部分市场，巴氏奶受冷链、销售半径等因素限制主要集中在城市及周边，难以实现大范围覆盖。三是2008年发生三鹿奶粉事件使得消费者对国产奶粉信心急剧下降，至今犹未恢复；同时，婴幼儿奶粉的进口量却持续大幅度增长，不断占据国内市场。四是近年来，我国小部分居民的饮食习惯呈逐渐西化的趋势，乳酪等干乳制品的市场也在逐步增长，但人群数量并不大；随着乳企渠道的下沉和深入，乳制品市场逐渐往三四线城市及农村地区延伸的趋势，消费产品以常温酸奶、乳饮料等为主。

总体来看，未来我国奶牛养殖业难以实现快速发展，缓慢增长的乳制品消费空间和低廉价格的进口乳制品将同时制约国内奶牛养殖业的快速增长。

第三节　我国畜牧业总体生产形势分析

一、肉类、蛋类消费增长趋缓，奶类消费尚有发展空间

随着经济的快速发展，我国居民的畜产品消费水平迅速提高，2018年我国人均肉蛋奶的表观消费量分别为67.8千克、22.4千克和34.9千克。从实际消费水平来看，目前我国已经跨过肉类、蛋类消费的快速增长阶段，逐渐进入降速发展和消费升级

阶段；仅奶类消费还保持一定增长速度。

从我国居民的肉类消费水平变化情况和生产供应情况来看，肉类消费可划分为3个阶段：1991—2003年为快速增长阶段，主要特点是供给不足、产量为王，生产组织以散养户居多，生产供应不能满足消费增长需求；2004—2013年为成熟阶段，主要依靠效率驱动、成本制胜，规模化养殖逐步扩张，生产供给量快速增加，生产供应基本能够满足消费及增长需求；2013年以后，随着规模化养殖比例提升，我国肉类生产供应能力显著增加，肉类消费则逐渐进入稳定和升级阶段，消费者对食品安全和肉品质的要求显著提升。从我国肉类产量变化来看，我国的肉类产量和人均表观消费量均在2014年达到最高点，分别为9 252万吨和68.9千克，此后全国肉类产量和人均表观消费量增速均明显放缓。

自1996年至2018年，我国蛋类人均消费量从16.1千克增长到22.4千克，年均递增1.5%。自2008年以来，我国蛋类人均消费量一直保持在20千克以上，早已超过世界平均水平，与发达国家的消费水平基本相当。就当前实际情况来看，我国的蛋类人均消费量能够保持缓慢增长已经不易，更多的是转向产品品质的提升。

自1996年至2018年，我国奶类产品人均消费量从6.5千克增长到34.9千克，年均递增7.9%。尽管增速较快，但仍仅为世界平均水平的1/3，距离发达国家消费水平相距更远，奶类消费仍有较大空间。近年来，由于奶类消费量持续增长以及国际乳制品价格明显低于国内，致使我国从国际市场进口的乳制品总量快速增加，已成为世界第一的乳制品进口大国，但同时国内奶类产量和乳制品产量却在资源环境等因素的限制下未实现增长。可见，未来我国奶类人均消费量的增长，仍将主要依赖进口量的增长。

二、市场供需格局转变，行业红利逐渐消失

改革开放40多年来，中国畜牧业的规模化发展到了一个新高度。目前的规模化养殖企业中，大部分是在改革开放和产业持续增长的行业红利期创立和快速发展起来的；其间，充分享受了畜产品消费需求刚性增长、劳动力成本低廉、生产技术简单、疫情相对稳定、环保因素约束性弱、粪污治理和环保投入非常小等的行业发展红利增长，赢得了较高的利润。

随着畜牧业的持续发展，畜产品供应格局逐渐由供不应求转变为供求基本平衡，行业红利逐渐消失；今后我国畜牧业的规模化发展面临着市场竞争日趋激烈、原料与劳动力成本提高、疫病复杂和防控成本高且难度大，环保投入高等多方面的不利因素；我国草场、优质牧草等资源严重短缺，在一定程度上限制了肉牛、奶业的发展；传统追求生鲜的饮食习惯，阻碍了肉食品加工产业的快速发展，加工业严

重滞后于畜牧养殖生产的发展。同时，国内外资本大举进入养殖、饲料、屠宰、加工等产业链环节，形成对我国传统养殖业发展的挑战；欧美等发达国家凭借成本优势向我国大量输出肉类产品及乳制品等，也将逐渐挤占国内畜产品市场发展空间。

三、供给侧改革持续推进，促进畜牧业转型升级

在新的形势下，我国农业的主要矛盾已经由总量不足转变为结构性矛盾，推进农业供给侧结构性改革，已经是当前和今后一段时期我国农业政策改革和完善的主要方向。在相关政策的支持下，畜牧业供给侧改革持续推进，生猪养殖北移西进，在重点发展区和潜力发展区重点布局，向玉米主产区和环境容量大的地区转移。同时，种植业与养殖业的分离导致粪污资源化利用难题也亟待解决。一方面是种植业长期使用化肥，致使土壤质量逐年下降，表现为酸化、板结、肥力减弱，另一方面是畜禽养殖的粪污由于得不到有效的资源化利用，而对环境造成污染，引起了社会各界的广泛关注。因此，要促进畜牧养殖业的转型升级，实行种养结合和农牧循环，推进粪污无害化处理和资源化利用。

四、畜牧养殖业的进入门槛不断提高

随着环保政策的持续高压态势、食品安全监管日趋严格、非洲猪瘟疫情来袭倒逼生物安全升级、养殖用地审批难度提高，畜牧业的进入门槛也在不断提高。

（一）环保政策

随着经济的高速发展，人们环保意识的逐渐增强，环保问题俨然成为备受关注的社会民生问题，国家更加严厉的环保法规相继出台，对畜禽养殖废弃物的处理排放提出了更高要求。环境保护部办公厅、农业部办公厅2016年联合印发《畜禽养殖禁养区划定技术指南》（环办水体〔2016〕99号），要求优化畜禽养殖产业布局、控制农业面源污染、科学合理划定禁养区范围，促进环境保护和畜牧业协调发展；《中华人民共和国固体废物污染环境防治法》提出了明确的要求，"从事畜禽规模养殖应当及时收集、贮存、利用或者处置养殖过程中产生的畜禽粪便，避免造成环境污染。"2017年10月，"必须树立和践行绿水青山就是金山银山的理念"被写进党的十九大报告。根据《中华人民共和国环境保护税法实施条例》，达到省级人民政府确定的规模标准并且有污染物排放口的畜禽养殖场，应当依法缴纳环境保护税。可见，环保政策今后将长期保持高压态势，已经成为进入畜牧养殖业发展的一大门槛。

（二）食品安全

食品安全事关人民群众的切身利益，不仅关系到消费者的身体健康和生命安全，而且会影响经济社会的健康发展和稳定，也关乎国家和政府的形象。2008年发生的三鹿奶粉事件，让广大消费者至今对国产乳制品信心不足。最新发布的《中华人民共和国食品安全法》《中华人民共和国食品安全法实施条例》的实施，加强了对食品安全问题的监管力度，使得违法成本更高。2018年4月，农业农村部发布了《兽用抗菌药使用减量化行动试点工作方案（2018—2021年）》，要求养殖场规范合理、科学审慎地使用兽用抗菌药，减少使用促生长类兽用抗菌药，开展实施兽药使用追溯工作，药物饲料添加剂将在2020年全部退出。尽管我国的畜牧业深受疫病之苦，但畜牧业在饲料端的"禁抗"，养殖端的"减抗/限抗"已是大势所趋，畜牧生产中将逐渐实现依法依规合理科学地使用抗生素，从而减少由于抗生素滥用所造成的危害。随着我国居民食品安全意识的提高、畜牧业从业者养殖观念的转变，加上国家政策对抗生素使用的限制，这两种力量必将推动养殖场加大在环境硬件上的投入、改善饲料的设计方案等。

（三）生物安全

2018年8月3日，我国首例非洲猪瘟疫情确诊，不过短短的数月之间，全国31个省（市、区）都已出现了非洲猪瘟疫情，这是我国动物防疫体系面临的改革开放40年以来最严峻的一次考验。非洲猪瘟自20世纪初在肯尼亚被首次发现，迄今全球都没有研发出有效的疫苗，可谓历经百年仍无药可治；目前养殖场只能依靠日常的生物安全措施进行防控，如消毒、封场等，而对于发生疫情的养殖场，最保险的做法就是对一定范围内的生猪扑杀并进行无害化处理。从目前情况来看，非洲猪瘟防控将是我国养猪业长期的工作重点，非洲猪瘟疫情将倒逼全国养猪场提高对生物安全措施的重视程度。非洲猪瘟疫情本身及相关政策调整对全国的生猪产业都造成了严重的影响；就当前情况来看，非洲猪瘟疫情或将长期存在，未来可能对我国生猪产业产生更为深远的影响。国内重大动物疫病情况复杂，传统养殖、引种、活畜禽流通方式等引发疫情的风险仍然存在，国内外以及各地区之间生猪产品差价较大，流动性大的非正常渠道入境的动物及动物产品或将增多。因此，未来动物疫病防范风险压力大、生物安全防控形势极为严峻。

（四）养殖用地

随着城镇化进程的加速推进，导致现代设施农业发展用地问题日益凸显，规模养殖需要的水、电、路、环保等各方面都符合的土地凤毛麟角，养殖用地已成为制约畜牧业发展的主要瓶颈。为了保障各地区的畜产品供应的本地化，落实"菜篮子工程"，行业内关于在全国范围内将养殖用地纳入统一的土地规划的呼声持续不断。

五、规模化养殖步伐加快，畜产品生产供应能力稳步提升

畜牧业是衡量一个国家的农业发展水平的重要的标准之一，2017年美国和荷兰的农业总产值占到GDP的1.3%和1.6%，而畜牧业产值占农业总产值的比例分别高达43%和50%。同期，我国的农业总产值占GDP的比例达到15%，而畜牧业总产值仅占农业总产值的26.9%，中国距离畜牧业强国的目标还有很长一段路要走。作为畜产品消费大国，我国畜产品消费需求随着居民生活水平的提升稳步增长，推动了整个畜禽养殖行业的快速发展。曾经由于养殖业门槛较低，在行业发展过程中涌现出了大量的散养户，从此散养模式一度成为我国畜禽养殖的主要模式。

近年来，国家高度重视畜牧业的标准化与规模化生产发展，政策扶持力度不断加大，规模化养殖迎来前所未有的发展机遇。在政策的带动和市场的拉动下，我国畜牧业生产能力进一步增强，规模化程度和生产效率也得到大幅提升。以生猪养殖为例，2008年我国出栏生猪500头以上的养殖户的生猪出栏量占全国总出栏量的比例仅为28.2%；由于期间行业疫病的多发及价格的大幅波动导致部分低效的散养户刚性淘汰，规模化养殖比例2012年提升至38.5%，但总体规模化水平仍然较低；随着环保清理工作的持续开展以及相关产业的转移发展，到2018年全国生猪养殖规模化比例达到49.1%（表2-2）。

在国家大力提倡规模化和标准化的扶持政策带动下，养殖场的基础设施条件明显改善，自动饲喂、环境控制等现代化设施设备逐渐被广泛应用，标准化养殖发展步伐加快，规模化程度大幅提高。据农业农村部发布数据，2018年我国畜牧养殖业的综合规模化率达到60.5%，规模化养殖已成为保障我国畜产品平稳供给的重要支撑。

表2-2　2018年全国规模化养殖情况

项目	2018年规模化率（%）
综合规模化率	60.5
生猪	49.1
蛋鸡	76.2
肉鸡	80.7
奶牛	61.4
肉牛	26
羊	38

数据来源：农业农村部

第四节 非洲猪瘟对我国肉类生产、发展路径及
产业格局的重大影响

2018年8月3日，我国发布首例非洲猪瘟疫情，之后遍历全国，其传播速度之快、对产业影响之大已经引起了全社会的广泛关注。这是迄今为止我国遭遇的最为严重的动物疫情，并且已经对我国生猪养殖及上下游产业造成了重大影响和损失。

1921年至今，已有60多个国家发生过非洲猪瘟。从多个国家的防控历程来看，非洲猪瘟一旦传入很难在短期内根除，多数国家都为此付出了巨大的人力、物力和财力，对全球养猪业来说堪称是"一号杀手"。我国生猪养殖量大，主产区养殖密度高，非洲猪瘟防控事关整个生猪产业发展以及肉类消费的稳定供应。受此疫情影响，全国生猪产能已经出现大幅下降，部分小散养殖户等相继退出，部分规模养殖场资金压力骤增，对上下游产业造成了重大的直接或间接经济损失。同时，非洲猪瘟导致了全国范围内生猪供应缺口大幅增加，猪价强势反弹以及利润的空前高涨。这对我国生猪产业乃至整个畜牧业的发展路径及产业格局都将产生重大影响。

据国家统计局发布信息显示，截止到2019年年底，全国生猪存栏量为31 041万头，同比下降27.5%；全年累计生猪出栏量为54 419万头，同比下降21.6%，同期猪肉产量4 255万吨，同比下降21.3%。根据博亚和讯的测算，2019年全年猪肉产量实际下降25.6%；据海关数据信息显示，2019年我国猪肉及猪副产品进口量共计312.7万吨，同比增长45.2%。综合分析2018年猪肉库存结转、猪肉净进口量增加、人均猪肉消费需求下降以及替代消费等因素，2019年猪肉总供给量为4 511万吨。猪肉产量下降造成的影响可直接通过生猪和猪肉市场价格波动反映出来，据农业农村部监测，2019年全国平均生猪价格为21.16元/千克，同比上涨63.31%，猪肉价格为33.73元/千克，同比上涨50.15%。

2018年8月以来，国家密集出台多项政策，严控非洲猪瘟疫情传播。国务院、农业农村部等相继发布或修订多份文件加强非洲猪瘟防控工作，陆续对生猪及产品的生产、调运、检疫、屠宰以及非洲猪瘟病毒检测等事宜做出了详细规定。一是要求全国范围内全面禁止使用餐厨剩余物饲喂生猪；二是关闭生猪运输"绿色通道"政策，要求承运车辆进行统一备案；三是抓好生猪生产发展稳定市场供给，鼓励和支持大型养殖企业在区域或省域范围内全产业链布局，构建育繁养宰销一体化发展新格局；四是加速猪肉供应链由"调猪"向"调肉"转变，对生猪及相关产品、种猪和仔猪调运活动进行了明确和规范；五是加强规模化猪场和种猪场非洲猪瘟防控，

确保"两场"周边生物安全措施落地；六是全面开展生猪屠宰及生猪产品流通等环节的非洲猪瘟检测，并对非洲猪瘟病毒检测方法和检测试剂盒做出相关规定；七是对《生猪产地检疫规程》《生猪屠宰检疫规程》和《跨省调运乳用种用动物产地检疫规程》等政策进行了修订，发布《非洲猪瘟疫情应急实施方案（2019年版）》，并形成区域化防控方案。

尽管如此，在生物安全措施整体水平较差，且没有疫苗保护的情况下，生猪产能无法快速恢复，未来猪肉供应量下降，国际市场的猪肉进口量是有限的，无法完全弥补国内市场消费的缺口；未来生猪产品价格持续上涨，禽肉等替代消费显著增加，将促使我国肉类消费结构将加速发生变化，猪肉消费占比进一步下降，禽肉消费占比相对增加。根据博亚和讯测算，2020年国内猪肉产量还将下降，之后触底恢复，并将于2025年逐步恢复到2010年的产量水平，预计届时人均猪肉消费量占人均肉类消费量的比例将下降到50%左右。

综合分析，非洲猪瘟暴发以前，我国的人均猪肉表观消费量在2014年达到有纪录以来的高点43.4千克，已接近中国台湾峰值水平；参考德国和中国台湾的经验，预计2025年前后猪肉消费将进入平台期，增长速度将极为缓慢。

非洲猪瘟暴发以后，国内猪肉产量大幅下降，虽有进口量增加的补充，近两年的人均猪肉消费量仍将下降20%以上，预计到2025年，我国人均猪肉消费量也只能恢复到2010年的水平。因此，由于非洲猪瘟的暴发，我国生猪生产和消费将在2019—2025年出现先降后增的"U"形发展态势，且恢复增长后的增长幅度大于非洲猪瘟暴发前的年均递增率；同时，禽肉成为肉类消费增长的主要动力，禽肉、蛋类等替代性产品增长速度加快，不仅有助于未来人均肉类消费量的逐步恢复，同时也加速了畜产品消费结构的调整，使畜产品消费结构趋于更加稳定和健康。

第三章　未来中国畜产品消费变化趋势

第一节　未来中国畜产品消费供应的总体要求

邓小平同志在20世纪70年代末80年代初在规划中国经济社会发展蓝图时提出了小康社会的概念，并在1987年提出了"三步走"战略构想。随着中国特色社会主义建设事业的深入，其内涵和意义不断地得到丰富和发展[7]。在20世纪末，基本实现小康的情况下，中共十六大报告明确提出了"到2020年全面建设小康社会的奋斗目标"。

时至今日，从数据上看，我国已经达到小康社会的标准，人均国内生产总值超过3 000美元（9 608美元，2018），城镇居民人均可支配收入1.8万元（39 251元，2018），农村居民人均可支配收入也已经超过了8 000元（14 617元，2018），城镇化率达到50%（59.6%，2018）。2020年，我国将实现全面脱贫，减少贫富差距，实现"全面小康"社会。

中共十八大上已经对人均GDP和居民人均收入定下了新的目标：到2020年时两项指标较2010年时翻一番。按此计算，2020年，农村居民纯人均收入应为11 800元左右，城市居民人均可支配收入应接近4万元；而人均GDP的目标进入"一万美元"区间。

中共十九大上习近平总书记说，从现在到2020年，是全面建成小康社会决胜期。要按照党的十六大、十七大、十八大提出的全面建成小康社会各项要求，紧扣我国社会主要矛盾变化，统筹推进经济建设、政治建设、文化建设、社会建设、生态文明建设，使全面建成小康社会得到人民认可、经得起历史检验。从十九大到二十大，是"两个一百年"奋斗目标的历史交汇期，我们既要全面建成小康社会、实现第一个百年奋斗目标，又要乘势而上开启全面建设社会主义现代化国家新征程，向第二个百年奋斗目标进军。

按照《中国食物与营养发展纲要（2014—2020年）》的规划目标，到2020年，全国人均全年消费肉类29千克、蛋类16千克、奶类36千克。虽然有测算标准上的差异（纲要提出的消费量为去除了各种损耗后的纯肉蛋奶消费量），但纲要规划的到2020年人均消费29千克肉类和16千克蛋类，显然是过低了；而要达到人均消费36千克奶类，则要更大的努力。我们按2018年国内畜禽产品产量及贸易量核算的人均肉蛋奶表观消费量为：肉类67.8千克、蛋类22.4千克、奶类34.9千克；其中肉类和蛋类的人均消费量已远超2020年的规划量，而奶类消费量还需要继续提升。

人民健康是民族昌盛和国家富强的重要标志。中共中央、国务院印发《"健康中国2030"规划纲要》，提出了健康中国建设的目标和任务，要求全面普及膳食营养知识，引导居民形成科学的膳食习惯，推进健康饮食文化建设，2030年人均预期寿命达到79.0岁；到2030年，居民营养知识素养明显提高，营养缺乏疾病发生率显著下降，全国人均每日食盐摄入量降低20%。党的十九大做出实施健康中国战略的重大决策部署，倡导健康文明生活方式；以人民健康为中心，实施健康中国行动，提高全民健康水平。

保障食物有效供给、提升居民营养水平，是治国安邦的第一要务。2020年，我国将实现全面小康社会，我国居民早已解决温饱问题。2021—2025年，是我国由全面建设小康社会向基本实现社会主义现代化迈进的关键时期，"两个一百年"奋斗目标的历史交汇期，也是全面开启社会主义现代化强国建设新征程的重要机遇期。我国主要矛盾已经发生转变，从"人民日益增长的物质文化需要同落后的社会生产之间的矛盾"到"人民日益增长的美好生活需要和不平衡不充分的发展之间的矛盾"；未来我国发展面临诸多待调整的板块，经济高速增长背后的隐患逐渐浮出水面，我国经济、格局、发展必将重塑。

进入新时代，人民群众对美好生活的向往更加迫切，对食物营养提出了新的更高要求。面向新形势新需求，当前食物与营养发展还存在食物供给体系质量效率亟待提高，居民膳食结构还不合理，食品消费市场不尽规范，科技支撑能力有待加强等问题。未来我国要坚持以人民健康为中心，适应居民食物消费升级和农业及食品行业高质量发展新要求，坚持推进实施健康中国战略，逐渐优化居民的膳食结构；同时，保障饭碗始终端在我们自己手里，并且装的是自己生产的畜产品。

我们在充分借鉴发达国家发展历程，研究肉蛋奶消费趋势演变过程，分析了未来我国食物消费与营养需求的变化趋势。未来我国居民肉蛋奶供应的总体要求体现在以下3个方面。

一是要满足消费数量的要求。根据与典型国家的对标分析结果，在人均GDP达到10 000美元以后，我国的人均肉蛋奶的消费量还将保持增长，其中肉类消费的增长速度将逐步放缓，蛋类基本处于稳定状态，奶类消费仍然有较大的增长空间。

二是要进行畜产品供应结构的调整优化。在数量满足的前提下，根据资源状况、环境保护和健康饮食的有关要求，畜产品供应结构需要相应进行调整优化，要增加优质动物蛋白的供应量，减少资源消耗型产品的生产量。即稳定目前的蛋类供应；增加奶类的供应，尤其是提供丰富的乳制品供应以增加消费量；肉类方面是稳定猪肉供应，大力增加禽肉供应，依靠进口补充稳定或小幅提升牛羊肉的供应量。

三是要进行营养素摄入结构的调整优化以达到健康消费的要求。根据与典型国家的对标分析结果，我国居民平均营养素摄入方面，蛋白摄入更多地依靠植物蛋白，而脂肪摄入则更多地来自动物脂肪。从消化效率和健康角度看，这个营养素的摄入结构还需要调整，即增加动物蛋白摄入比例和减少动物脂肪摄入比例。

第二节　未来中国畜产品消费趋势影响因素分析

一、未来人口总量变化趋势及老龄化

人口数量的增长是畜产品消费的驱动因素之一。根据联合国最新发布的《世界人口展望：2019年修订版》预测[8]，今后较长时期内世界总人口将保持上升趋势，预计在未来的30年内将增加20亿人；预计全球人口总量在2019年达到77亿，到2030年上升到85亿，2050年增加至97亿，2100年达到108亿。未来发展中国家人口占比继续上升，中国人口占比持续下降，预计到2027年印度将超过中国成为世界人口最多的国家。全球人均预期寿命从趋势1990年的64.2岁增加到2019年的72.6岁；多数国家已经或正在步入老龄化社会，65岁以上人口成为增长最快的年龄组，但中国老龄化水平及增长速度将明显高于世界平均水平。世界劳动年龄人口占总人口的比例下降，未来数十年内将给劳动力市场和经济发展等方面带来一定的压力。

根据《国家人口发展规划（2016—2030年）》[9]，全面两孩政策效应充分发挥，总和生育率逐步提升并稳定在适度水平，到2030年人口自身均衡发展的态势基本形成。今后我国人口变动的主要趋势如下。

（1）人口总规模增长惯性减弱，2030年前后达到峰值。实施全面两孩政策后，"十三五"时期出生人口有所增多，"十四五"以后受育龄妇女数量减少及人口老龄化带来的死亡率上升影响，人口增长势能减弱。总人口将在2030年前后达到峰值，此后持续下降。

（2）老年人口持续增长，老龄化程度加深。"十三五"时期，60岁及以上老年人口平稳增长，2021—2030年增长速度将明显加快，到2030年占比将达到25%左右，其中80岁及以上高龄老年人口总量不断增加。0～14岁少儿人口占比下降，到2030年降至17%左右。

根据《国家人口发展规划（2016—2030年）》及相关数据推算，预计全国人口总量2020年达到14.2亿，2025年达到14.4亿，2030年达到14.5亿人。

人口增长带来的是畜产品消费总量的刚性增长，同时，人口的老龄化又会造成人均消费量的减少。根据闵师等人的研究报告[10]，老龄化程度每增加一个百分点，肉类消费量将相应减少0.5%。另外，老龄化对畜产品消费的结构性影响是，肉类消费量中猪肉和牛羊肉等红肉的消费量将对应老龄化程度的增加而下降，禽肉作为健康食品消费量将稳定或小幅增加；蛋类消费量将稳定或小幅下降；奶类消费量有很大的增长空间，增长的关键是产品类型多样化和功能化。

二、中国经济增长趋势及收入水平

近20年来我国GDP总体上保持了较快的增长速度，从1996年的8 672亿美元，1998年的10 326亿美元，再到2005年的23 088亿美元，2018年达到134 074亿美元，22年时间里中国GDP总量增长了14.5倍。根据国家统计局数据，2018年GDP较上年增长6.6%。到目前为止，中国已成为仅次于美国的世界第二大经济体（图3-1）。尽管目前中国GDP总量很大，但目前依然存在两个方面的问题，一是人均GDP尚未达到10 000美元的水平，与发达国家相比仍有一定的差距（图3-2）；二是GDP年度增长率呈下降趋势。

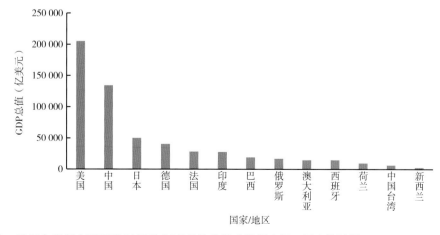

图3-1　2018年世界主要国家/地区的GDP总值比较（数据来源：国家统计局，World Bank，IMF）

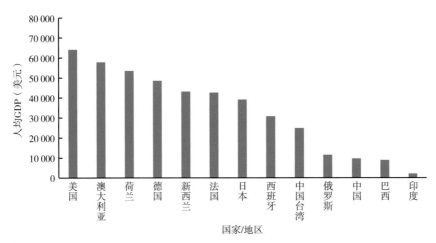

图3-2　2018年世界主要国家/地区的人均GDP比较（数据来源：国家统计局，World Bank，IMF）

十八届五中全会提出，保持经济中高速增长是我们长期的任务[11]。在我国经济发展进入新常态的背景下，要长期保持经济中高速增长，必须加快转变经济发展方式，促进经济转型升级、迈向中高端水平。党的十九大报告指出，我国经济已由高速增长阶段转向高质量发展阶段，正处在转变发展方式、优化经济结构、转换增长动力的攻关期，建设现代化经济体系是跨越关口的迫切要求和我国发展的战略目标。

中国发展研究基金会副理事长刘世锦认为，中国经济将由过去的高速增长期转到中速增长[12]，中国经济目前处于由高速增长转向中速增长的阶段，下一步要寻找新的增长来源，应该转换目标，要适应在中速平台上的高质量发展[13]。北京大学国家发展研究院名誉院长林毅夫认为，改革开放40年来中国创造了人类经济史上不曾有过的奇迹，新时代的中国经济虽然面临诸多挑战，但仍有较大的增长潜力；现在下行压力大，与外部市场的需求疲软密切相关，更多是外部性、周期性的因素造成的，未来中国产业升级空间巨大[14]；展望未来，要继续支持全球化和深化改革，把渐进双轨制改革遗留下来的问题消除掉，将经济效率提升到更高水平，未来经济的增长潜力仍然非常巨大，未来10年中国保持6.5%左右的增长是完全有可能的[15]，并预测2030年前中国将成为世界第一大经济体[16]。根据IMF在2019年7月发布的《世界经济展望报告》，全球经济增长依旧低迷，即使经济增长逐渐放缓，到2030年中国仍可能成为世界最大经济体（表3-1）。结合当前国际国内市场环境及我国经济发展状况，综合预计未来中国经济的年均增长速度将保持6.5%左右①。

---

①　请注意名义增速和实际增速的区别。各国或机构公布的经济增速多为"实际增速"，就是剥离了通货膨胀之后的经济增速，而名义增速则是包括通胀（物价上涨）的。所以说，如果认为某国下一年的经济增速是5%，那GDP总量是不能直接在上一年的基础上加上5%的

表3-1　2020、2025、2030年中国人口总量及经济增长预计

项目	2018	2020*	2025*	2030*
人口总量（万人）	139 538	140 537	143 014	144 003
GDP总量① （亿美元）	134 074	154 681	226 946	310 936
人均GDP（美元）	9 608	11 010	15 874	21 599

数据来源：国家统计局，IMF；2020年、2025年、2030年为预测数据。

根据世界银行的统计，人均GDP在5 000美元以下的阶段，人均肉类消费量快速增长；超过5 000美元后增长幅度减缓；超过30 000美元后，部分国家/地区的人均肉类消费量呈现下降趋势。从欧美等发达国家的发展经验来看，人均蛋类消费量也有随着收入增长而下降的实例；人均奶类消费量则是随着收入增长而增长，之后达到一定水平后逐渐趋于平稳。

三、城镇化发展进程

相关理论研究及国际经验均表明，城镇化对消费具有明显的拉动效应；城镇化率每提高1个百分点，城镇居民人均年消费支出将增加2%；同时，肉蛋奶的消费量也会大量增加。

一是城镇化会提高城乡居民收入。随着越来越多的人口、信息、资金、技术等生产要素汇聚到城镇，将产生巨大聚集效益和规模效益，使生产要素市场尤其是劳动力市场能够更好地发育，获得更好的就业机会，并促进劳动分工和服务业的蓬勃发展以及农产品价格水平的提升，进而提高城乡居民收入水平。

二是城镇化会促进消费结构升级。消费结构升级是保证消费需求不断扩大的必要条件，随着城镇化的不断推进，居民收入水平不断提高，消费环境不断改善，进而会使消费领域不断拓展，消费结构不断升级。

三是城镇化会提高消费集聚程度。消费者对产品的多样性需求会导致消费集聚效应不断增大。城乡之间也会形成类似效应，随着城镇人口不断增加和收入水平提高，对农产品的需求扩张，必然使农村居民收入增加和消费扩大，促进城镇产业及服务业进一步发展，从而吸收更多的农村人口向城镇转移，由此形成消费需求的良性扩张和循环累积效应。

城镇化是促进居民肉类、蛋类、奶类的消费增长的一个重要影响因素，对居民肉类、蛋类、奶类的消费增长有着稳定的正向刺激作用。改革开放以来，随着城镇

---

①　中国GDP总量，按年均增长6.5%进行计算

化进程的加快，我国居民的人均肉类消费量显著增加，肉类消费结构明显优化，猪肉占比下降明显，禽肉占比增长迅速，牛羊肉消费比重也有所增加。根据国家统计局发布的数据，我国城镇居民的肉类、蛋类、奶类消费量明显高于农村居民，2018年我国城镇居民家庭人均肉类、蛋类、奶类的消费量分别与比农村居民高出15.5%、28.6%、139.1%（表3-2）。

表3-2　2018年我国居民家庭人均肉蛋奶消费量　　　　　（单位：千克，%）

项目	全国居民	城镇居民	农村居民	农村居民/城镇居民
肉类、禽类	38.5	41.0	35.5	86.6
肉类	29.5	31.2	27.5	88.1
猪肉	22.8	22.7	23.0	101.3
牛肉	2.0	2.7	1.1	40.7
羊肉	1.3	1.5	1.0	66.7
禽类	9.0	9.8	8.0	81.6
蛋类	9.7	10.8	8.4	77.8
奶类	12.2	16.5	6.9	41.8
水产品	11.4	14.3	7.8	54.5

数据来源：国家统计局

四、健康饮食观念

随着畜产品供应的极大丰富和居民收入水平的增长，畜产品消费也从仅仅满足数量的需求，转向更加多元化、个性化，追求质量和安全的消费方式。消费者对于饮食和健康更加关注，直接反映了畜产品消费结构变化和对产品质量和安全标准的提升。通过与发达国家进行对标分析的结果来看，高脂肪含量的猪肉消费量基本都处于稳定和减少的状态；高胆固醇含量的鸡蛋消费量在发达国家出现从较高消费量逐步减少的趋势；牛肉的消费量也是处于减少状态，一是因为其红肉的属性，消费者从健康角度考虑而减少消费量；二是牛肉生产对资源和气候的依赖度强，国际产量并不稳定；三是牛肉市场价格较高，对消费增长具有一定的抑制作用。

从食品中摄入热量、蛋白和脂肪的总量和结构分析，我国的热量摄入量高于全球平均水平，低于美国等发达国家；热量摄入的结构基本合理，即植物性食品和动物性食品提供的热量比例与全球多数国家相似（图3-3，表3-3）。**我国国民未来的热量摄入增加量将更多地来自动物性食品。**

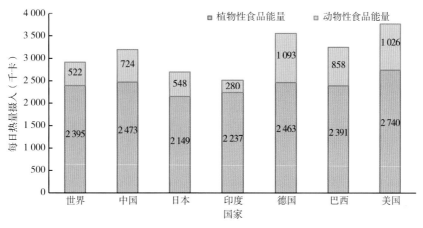

图3-3　2017年世界主要国家人均每日热量摄入量（数据来源：FAO）

表3-3　世界主要国家人均每日热量摄入来源结构　　　　　　（单位：%）

项目	世界平均	中国	日本	印度	德国	巴西	美国
植物性食品热量	82.1	77.4	79.7	88.9	73.6	73.6	72.8
动物性食品热量	17.9	22.6	20.3	11.1	26.4	27.2	27.2

数据来源：FAO

我国居民蛋白摄入量高于世界平均水平，略低于发达国家水平，但蛋白的摄入结构与世界发达国家正好相反。我国居民的蛋白摄入量更多地来自植物蛋白，占比达到60.5%，而发达国家的植物蛋白摄入比例普遍低于45%。相比于植物蛋白，动物蛋白更容易被人体消化吸收，其氨基酸种类和含量高于植物蛋白，生物价（BV）更高。因此，**未来中国国民的蛋白摄入结构的变化将是动物蛋白摄入比例增加，而植物蛋白的摄入比例相应减少**（图3-4，表3-4）。

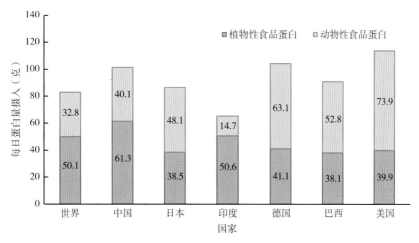

图3-4　2017年世界主要国家人均每日蛋白质摄入量（数据来源：FAO）

表3-4 世界主要国家人均每日蛋白摄入来源结构 （单位：%）

项目	世界平均	中国	日本	印度	德国	巴西	美国
植物性食品蛋白质	60.4	60.5	44.5	77.5	39.5	41.9	35.0
动物性食品蛋白质	39.6	39.5	55.5	22.5	60.5	58.1	65.0

数据来源：FAO

　　我国居民的脂肪摄入量高于世界平均水平，与发达国家的差距较大。从结构上看，我国居民的脂肪摄入量中来自动物食品的比例与世界发达国家相比仅有很小的差别；导致差距的**主要的原因是植物油脂的摄入量远低于发达国家，甚至低于印度和全球平均水平**（图3-5）。与世界人均寿命最长的日本相比较，我国居民的总脂肪摄入量高于日本10.4%，动物脂肪摄入量高于日本73.5%，植物油脂摄入量低于日本29.7%（表3-5）。未来我国居民的脂肪摄入应保持总量的基本稳定或小幅增长，重点是进行结构调整，**一是增加来源于植物性食品的脂肪摄入比例；二是增加高蛋白低脂肪的禽肉消费量，以部分替代高脂肪含量的猪肉和牛肉的消费量**。

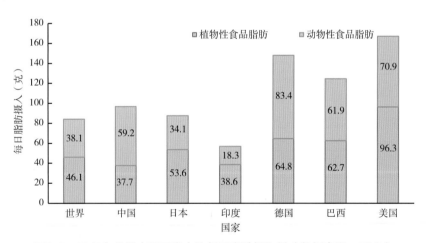

图3-5 2017年世界主要国家人均每日脂肪摄入量（数据来源：FAO）

表3-5 世界主要国家人均每日脂肪摄入来源结构 （单位：%）

项目	世界平均	中国	日本	印度	德国	巴西	美国
植物性食品脂肪	54.7	38.9	61.1	67.9	43.7	50.3	57.6
动物性食品脂肪	45.3	61.1	38.9	32.1	56.3	49.7	42.4

数据来源：FAO

五、环境保护

根据FAO的测算，来自畜牧业的碳排放量占到全球总排放量的18%[17]。消费者出于环保的理念及支持减排的行动之一就是减少动物食品的消费，这种现象在国外某些国家已渐成气候。未来我国的部分环保意识强且注重以行动支持环保的人士也将采取同样的行为，**对畜产品消费形成减量压力。**

随着我国生态优先的国家战略，畜牧养殖的区域受到一定限制，污染产能被去除，养殖场搬迁和增设后处理设备将增加养殖成本，并推高畜产品价格，短期内将对消费产生抑制作用。

同时，根据FAO的研究结果，在畜禽养殖中，肉牛和奶牛的碳排放量远高于其他畜禽产业，而**家禽业在环境友好方面相对于养猪业等则有更高的比较优势。**

六、食品安全

我国目前的食品安全状况较好，但之前发生的几次食品安全事件，如猪肉的瘦肉精事件，牛奶的三鹿奶粉事件，肉鸡的抗生素残留事件等，均对当前乃至之后一段时间的畜产品消费产生很大的减量影响。

消费者对食品安全的关注在不断地改变和提升，一旦出现食品安全丑闻，对消费的负面影响就一定会发生。2008年的三鹿奶粉事件使国产乳制品行业经历了一次全面的深刻整治，尽管12年来我国奶业已经发生很大变化，产品监管制度日趋完善，但消费者的信任迄今犹待恢复。

七、动物福利意识

目前，中国消费者的动物福利意识越来越强，关注动物权益和人道对待畜养动物的呼声越来越高。各种非政府组织和民间团体对政府和畜牧产业施加了更多的压力，要求改变现状，提高动物福利措施。欧盟、美国等发达国家/地区及部分发展中国家等均已经出台相关法律法规保障动物福利。欧洲的畜牧业已经在发生改变，如禁止家禽的笼养和使用母猪限位栏，降低饲养密度，控制动物生长速度等，并且开始了立法保护。其结果是降低了畜牧业的生产效率，增加了生产成本，改变了畜产品的外在品质。继而需要更多的饲料、更高的产品价格以及对消费量的抑制作用。

2017年，我国首部农场动物福利行业标准——《动物福利评价通则》通过全国畜牧业标准化技术委员会的专家审查。这是我国第一个直接写明"动物福利"并通过审定的农业行业标准。动物福利关系到人与动物和谐共处，是我国生态环境和畜牧业绿色可持续发展的需要，有助于更合理地饲养和利用动物，提高动物产品的品质和安全性。

法律的形成有赖于社会共识。尽管目前中国还没有一部关于动物福利的法律，但来自消费者对福利产品的需求以及因动物福利形成的畜产品国际贸易壁垒等因素，都将不断推动相关机构积极开展动物福利科学研究，推进我国动物福利的立法。可以预期，未来10年内，中国的动物福利运动将最终会推动政府立法，并逐步在生产实践中加以应用；产业随之进行改变和调整，整个畜牧产业链重新构建并在政府、非政府组织和消费者多个因素中寻求再平衡。

第三节　对标典型国家/地区的肉蛋奶消费演变过程

经济发达国家和地区的人均肉类、蛋类、奶类消费量的演变过程，对分析中国未来的消费趋势和测算人均消费量具有重要的借鉴意义。我们根据国家经济发展状况、人口、消费习惯等因素，选取美国、德国、日本和中国台湾地区，作为对标对象进行分析。

一、美国——世界最大的肉蛋奶消费国

美国是世界最大的肉蛋奶消费国家之一，人均肉类消费量、人均蛋类消费量、人均奶类消费量均位居世界前列。

根据FAO的统计资料，2017年，美国人均肉类、蛋类、奶类和主要水产品消费量合计达到416.9千克；其中肉类占29.83%，蛋类占3.73%，奶类占61.08%，水产品占5.36%。根据FAO的标准，恩格尔系数低于20%，即是达到富裕水平。美国早在1936年恩格尔系数即已低于20%，居民生活水平达到富裕阶段。美国的人均GDP在1961年就达到3 000美元，1970年超过5 000美元，1976年和1978年分别超过8 000和10 000美元。我们研究发现，美国在人均GDP低于5 000美元的阶段，其人均肉类消费量增长速度很快，此后增速放缓；人均GDP超过10 000美元后，人均肉类消费量增速明显缓慢，甚至出现阶段性波动和消费量下降的趋势；随着人均GDP的增长，美国的人均蛋类消费量一直呈下降趋势，人均奶类消费量则基本稳定在250千克以上。

从1961—2017年美国人均肉类消费量、人均蛋类消费量、人均奶类消费量的演变过程来看，其间美国的人均GDP的年均递增达到5.52%；人均肉类消费量随着人均GDP的增长不断提高，年均递增0.54%；其中人均猪肉消费量56年来处于基本稳定的态势，年均递增率仅0.14%；人均禽肉消费量保持了最高的增长速度，年均增速达到

2.20%，人均牛肉消费量呈现前期快速增长后期缓慢下降的趋势，年均递增-0.19%，羊肉和其他肉类的人均消费量则持续下降；人均蛋类消费量一直保持缓慢下降的趋势，年均下降0.22%；人均奶类消费量虽有小幅波动，但一直保持在250千克的高位（表3-6）。

表3-6　美国的人均GDP及人均肉蛋奶消费量　　　　（单位：千克，%）

项目	1961	1970	1976	1978	1983	1988	1992	2017	CAGR 1961—2017
人均GDP（美元）	2 970	5 121	8 468	10 431	15 376	21 137	25 326	60 055	5.5
人均肉类消费量	90.7	108.0	111.0	108.7	110.1	115.1	118.7	124.5	0.6
其中：猪肉	27.7	29.6	25.6	27.0	29.6	29.9	30.3	30.0	0.1
禽肉	16.4	21.4	22.8	24.1	28.8	35.8	42.5	55.7	2.2
牛肉	41.2	52.3	58.8	54.1	48.4	46.8	43.1	37.1	-0.2
羊肉	2.1	1.4	0.8	0.7	0.8	0.7	0.7	0.5	-2.5
其他肉类	1.2	1.1	1.0	1.0	0.9	0.8	0.8	0.8	-0.7
可食内脏	2.0	2.1	2.0	1.8	1.6	1.2	1.3	0.4	-2.9
人均蛋类消费量	17.7	17.5	15.3	15.5	15.1	14.0	13.4	15.6	-0.2
人均奶类消费量	265.7	242.8	240.0	239.7	248.0	254.2	260.5	254.9	-0.1
人均主要水产品消费量	13.0	14.5	15.6	16.2	17.5	20.1	21.9	22.4	1.0
人均消费量合计	387.0	380.6	379.9	378.2	389.0	402.1	413.3	416.9	0.1

数据来源：World Bank，FAO

从美国肉类消费结构看，猪肉扮演了最基本的消费肉类的角色，自1961年以来人均猪肉消费量基本上没有变化；猪肉在美国的消费方式主要是用于生产深加工食品，供应早餐和午餐食用。根据美国猪肉生产者协会的统计，美国78%的猪肉用于加工深加工产品，22%是冰鲜猪肉进行直接销售。牛肉在美国曾经是第一消费肉类，但是在20世纪70年代，美国媒体大量地宣传白肉的健康性，推动了人均鸡肉消费量的快速增长。同时，美国在20世纪70年代末遭遇了经济危机，失业率大增，收入减少，消费者更多地选择了便宜的鸡肉，更加推动了人均鸡肉消费量的增长。美国的肉鸡产业则抓住了这个良好的机会，一方面是进一步加强了健康概念的宣传推广；另一方面是积极推动鸡肉产品的推广，比如麦当劳在1980年发明麦乐鸡，经过3年的试验后在全球推广，大获成功。美国的人均鸡肉消费量于1984年超过猪肉、于1993

年超过牛肉成为最大的消费肉类。直到现在，**美国的肉类消费特征仍然是猪肉保持相对稳定，鸡肉消费持续增长，牛肉消费下降**（图3-6）。

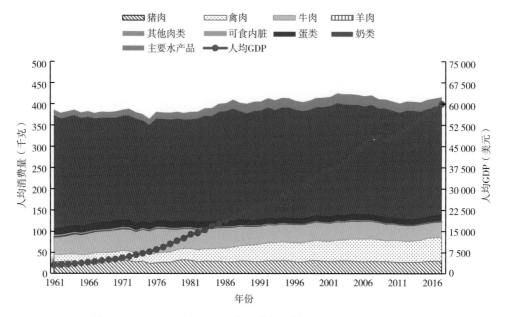

图3-6　美国的人均GDP及人均肉蛋奶消费量变化趋势（数据来源：FAO，World Bank）

美国的人均蛋类消费量随着人均GDP的增长总体呈先降后增趋势，1961—1995年缓慢下降，1996年至今保持缓慢增长，目前人均蛋类消费量基本维持在15千克左右。美国人均奶类消费量自1961年以来稳定保持在250千克以上，奶产品主要是巴氏生鲜奶、奶酪等。

二、德国——以猪肉消费为主，与中国情况相似

德国的人均肉类消费量、人均蛋类消费量、人均奶类消费量均位居世界前列。2017年，德国的人均肉类、蛋类、奶类及主要水产品的消费量合计达到379.3千克，其中肉类占23.43%，蛋类占2.95%，奶类占70.27%，水产品占3.35%。德国人均GDP在1971年就已超过3 000美元，1973年超过5 000美元，1977年和1979年分别接近8 000美元和达到10 000美元。我们研究发现，德国在人均GDP低于5 000美元的阶段，其人均肉类、蛋类、奶类的消费量增长速度相对较快，此后则增速放缓，人均蛋类消费量甚至出现不断下降的趋势。

从FAO统计资料看，自1970年至2017年，德国人均GDP年均增长率达到6.14%；人均肉类消费量总体上是前期保持增长后期出现下降的趋势，年均递增率为0.19%，但在20世纪80年代末期，德国的人均肉类消费量达到顶峰，超过了100千克；随着两

德统一，人均肉类消费量下降，此后长期保持相对稳定，其间，猪肉和牛肉消费量缓慢下降，而禽肉消费量快速增长；人均蛋类消费量同样在20世纪80年代以后持续下降，1982—2017年年均下降1.21%；同时，人均奶类消费量则实现了持续增长，从1970年的177.89千克增长到2017年的267.52千克，年均递增率为0.87%（表3-7）。

表3-7 德国的人均GDP及人均肉蛋奶消费量 （单位：千克，%）

项目	1971	1973	1977	1979	1987	1990	1992	2017	CAGR 1971—2017
人均GDP（美元）	3 161	5 028	7 601	11 191	16 569	22 308	26 524	44 976	5.9
人均肉类消费量	84.8	86.3	92.1	97.7	103.5	99.4	92.2	89.2	0.1
其中：猪肉	47.5	48.7	53.5	58.0	63.1	59.5	52.9	50.5	0.1
禽肉	8.0	8.5	8.9	9.5	10.1	11.1	12.1	19.5	2.0
牛肉	23.2	22.9	22.6	22.8	23.0	21.7	19.9	14.9	−1.0
羊肉	0.4	0.5	0.8	0.9	0.9	1.0	1.0	0.8	1.6
其他肉类	1.3	1.3	1.3	1.3	1.0	0.9	1.1	2.1	1.1
可食内脏	4.4	4.4	4.9	5.2	5.3	5.1	5.3	1.4	−2.4
人均蛋类消费量	15.7	16.3	16.9	16.6	16.2	14.3	13.6	11.2	−0.7
人均奶类消费量	174.8	178.6	181.0	188.8	229.4	220.6	231.0	267.5	0.9
人均主要水产品消费量	11.3	12.3	10.5	10.6	10.9	13.8	13.4	12.8	0.3
人均消费量合计	286.5	293.5	300.5	313.6	360.0	348.0	350.3	380.7	0.6

数据来源：World Bank，FAO

德国的肉类消费结构与中国极其相似，都是以猪肉占据绝对的主导地位，占肉类消费量的比例一直超过50%。但1988年以来，人均猪肉消费量持续下降，年均下降0.67%，至今稳定在50千克以上；同期，禽肉成为消费增速最快的肉类，人均禽肉消费量年均递增达2.11%，2017年禽肉消费量19.47千克，占人均肉类消费量的比例达到了21.83%；牛肉是第三肉类，但同期牛肉的人均消费量持续下降，年均下降1.42%，2017年人均牛肉消费量为14.9千克；羊肉及其他肉类的消费量相对很少。

德国是典型的欧亚型肉类消费国家的代表，即以猪肉为最主要的消费肉类。2005年，人均猪肉消费量占肉类消费量的比例达到63.5%，达到历史最高。2017年，猪肉消费量所占比例虽然下降到56.56%，但仍然是第一消费肉类。牛肉在2000年之前一直是第二消费肉类，2001年被禽肉超过，重要原因之一也是消费者对于健康饮食的消费需求。另外，德国作为世界上老龄化程度最高的国家之一，总体上表现出肉类消费总量减少、肉类消费结构上表现出猪肉消费量逐步减少，禽肉消费量持续增加的典型特征。此外，过去几年里，随着穆斯林移民的增加，也促进了牛肉消费量的反弹和禽肉消费量的增加。

德国的人均蛋类消费量变化呈前期增长后期下降的趋势，从1961年的12.6千克持续增长到1980年17.3千克，达到最高峰；此后开始下降，近年来基本维持在11千克左右（图3-7）。

德国的人均奶类消费量一直较高，并持续增长；从1961年171.1千克增加到2017年267.5千克，期间年均递增0.80%，至今仍保持继续增长的趋势。奶类的消费方式以脱脂牛奶和奶酪等产品形式为主。

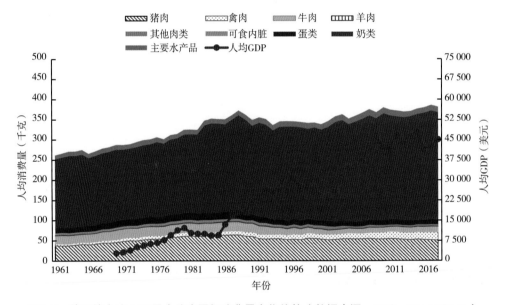

图3-7 德国的人均GDP及人均肉蛋奶消费量变化趋势（数据来源：FAO，World Bank）

三、日本——健康消费的典型代表，消费习惯与中国相似

日本的动物蛋白消费有其独特的结构，肉类、蛋类、奶类和主要水产品基本保持平衡。2017年，日本的肉类、蛋类、奶类及主要水产品的人均消费量合计为175.3千克，其中肉类为51.5千克、蛋类19.6千克、奶类58.6千克以及主要水产品45.5千克，所占比例分别为29.39%、11.21%、33.45%和25.95%（表3-8）。与美国、德国

相比，人均奶类消费量明显较低，人均蛋类消费量和人均主要水产品消费量则明显较高，所占比重相对均衡，是健康消费的典型代表。日本男性80.5岁和女性86.8岁的平均寿命位居世界第一，这与其健康的饮食结构有很大关系。

表3-8　日本的人均GDP及人均肉蛋奶消费量　　　　　（单位：千克，%）

项目	1972	1976	1978	1983	1986	1987	2013	2017	CAGR 1972—2017
人均GDP（美元）	2 945	5 156	8 746	10 323	16 968	20 578	25 160	38 122	5.9
人均肉类消费量	23.3	26.5	30.9	34.5	38.2	39.9	41.7	51.5	1.8
其中：猪肉	8.8	10.7	12.0	13.3	14.4	15.2	15.4	21.4	2.0
禽肉	6.0	7.5	9.1	11.1	12.6	13.2	13.6	18.5	2.5
牛肉	3.6	3.7	4.7	5.6	6.5	6.9	8.4	9.2	2.1
羊肉	1.4	1.2	1.2	0.7	0.7	0.6	0.5	0.2	-4.8
其他肉类	1.8	1.3	1.2	0.9	0.6	0.5	0.4	0.1	-6.2
可食内脏	1.7	2.1	2.7	3.0	3.3	3.4	3.3	2.2	0.5
人均蛋类消费量	16.5	16.1	16.7	16.7	17.7	18.7	19.0	19.6	0.4
人均奶类消费量	53.0	57.7	69.4	70.6	72.8	72.5	78.0	58.6	0.2
人均主要水产品消费量	64.4	68.0	66.5	67.1	70.1	72.0	71.4	45.5	-0.8
人均消费量合计	157.1	168.2	183.4	189.0	198.7	203.0	210.1	175.3	0.2

数据来源：World Bank，FAO

日本的人均GDP在1983年就已超过了1万美元，人均肉类、蛋类、奶类消费量仍保持增长；其中以肉类消费量增速较快，随着青年一代更多地偏向西式以肉类为主的消费方式，人均肉类消费量的增长远远超过人均蛋类消费量和人均奶类消费量；1961—2017年，人均肉类消费量年均递增3.39%，人均蛋类消费量年均递增1.38%，人均奶类消费量年均递增1.54%；仅人均主要水产品消费量在20世纪90年代以后出现下降趋势，从最高的70千克以上降到了不足50千克，甚至还低于1961年的消费水平。在肉类消费结构中，猪肉和禽肉是主要消费肉类，在2017年人均肉类消费量中的占比分别为41.53%和35.92%，牛肉为第三消费肉类，占比为17.84%，羊肉及其他产品的消费量相对很少。从人均肉类消费量的增速来看，人均禽肉消费量的增长速度超过了猪肉和牛肉；1961—2017年，人均禽肉消费量快速增长，年均递增率达到4.73%，目前稳定在18千克以上；人均猪肉消费量在2004年以前增速较快，此后基本稳定在20千克左右；人均牛肉消费量自20世纪90年代以后保持相对稳定，维持在9千克左右。日本的人均蛋类消费量在近30年来保持稳定，基本保持在19千克以上。在2000年以后，日本的人均GDP已接近4万美元，后续增长缓慢；人均奶类消费量也开始出现了下降的趋势，从最高点的80千克以上下降到2017年的不足60千克（图3-8）。

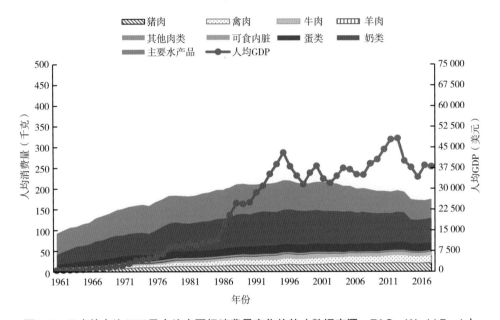

图3-8　日本的人均GDP及人均肉蛋奶消费量变化趋势（数据来源：FAO，World Bank）

四、中国台湾地区——消费习惯相近，极具参考价值

中国大陆与台湾地区同宗同源，主要消费习惯和动物蛋白消费结构非常相似。随着人均GDP的不断增长，人均肉类、蛋类、奶类及主要水产品的消费量都出现了先增后降的趋势。2017年，中国台湾地区的人均肉类消费量、人均蛋类消费量、人均奶类消费量分别为79.5、14.0和29.8千克，所占比重分别为51.96%、9.13%和19.51%。在有统计资料的56年里，人均肉类消费量的年均递增率达2.31%，人均蛋类消费量和人均奶类消费量的年均递增率分别达到3.99%和4.64%。

中国台湾地区的人均GDP在1990年就已经达到8 000美元以上，对应的人均肉类消费量为69.3千克，人均蛋类消费量和人均奶类消费量分别为9.1千克和39.1千克。与中国大陆地区在2015年同等人均GDP水平时（人均GDP为8 167美元）的人均肉类、奶类、主要水产品的消费量基本相似，只是人均蛋类消费量较低；1992—2000年，人均蛋类消费量增长较快，人均肉类消费量增速逐渐放缓，人均奶类消费量甚至逐渐出现了下降趋势；2000年以后，中国台湾地区的人均蛋类消费量也出现了下降趋势，人均肉类消费量在2008年以后开始下降。迄今为止，中国台湾地区的人均肉类消费量稳定在80千克左右，人均蛋类消费量维持在13千克以上，人均奶类消费量已经下降到了30千克左右（表3-9）。

表3-9　中国台湾地区的人均GDP及人均肉蛋奶消费量　（单位：千克，%）

项目	1984	1987	1990	1992	2004	2011	2017	CAGR 1984—2017
人均GDP（美元）	3 237	5 346	8 203	10 772	15 514	20 947	24 255	6.3
人均肉类消费量	58.4	65.9	69.3	74.0	83.7	82.8	79.5	0.9
其中：猪肉	35.8	40.6	40.0	41.5	41.6	39.3	38.4	0.2
禽肉	18.5	20.3	23.3	25.4	33.5	33.9	33.2	1.8
牛肉	1.5	1.8	2.6	3.2	3.5	5.2	5.0	3.6
羊肉	0.3	0.5	0.6	0.8	1.4	1.0	0.9	3.1
其他肉类	0.0	0.1	0.0	0.1	0.1	0.1	0.1	—
可食内脏	2.25	2.56	2.83	3.10	3.67	3.26	1.93	-0.5
人均蛋类消费量	8.3	8.5	9.1	10.4	13.6	12.8	14.0	1.6
人均奶类消费量	34.2	38.0	39.1	45.8	37.5	40.9	29.8	-0.4
人均水产品消费量	35.9	38.6	41.2	37.0	28.0	33.0	29.7	-0.6
人均消费量合计	136.7	151.0	158.7	167.2	162.8	169.4	153.0	0.3

数据来源：World Bank，FAO

中国台湾地区的肉类消费也是长期以猪肉和禽肉为主的，近20年来猪肉和禽肉合计约占人均肉类消费量90%。据FAO统计数据，自1960年以来中国台湾地区的主要肉类中，以羊肉人均消费量年均递增率最高为6.30%，牛肉人均消费量年均递增率达4.93%；禽肉和猪肉人均消费量递增率分别达到3.64%和1.49%。由于陆地面积相对较小，本地资源较为有限，中国台湾地区的牛羊肉供应不能自给，以进口为主，且消费基数很低，因此保持了相对较高的增长速度（图3-9）。

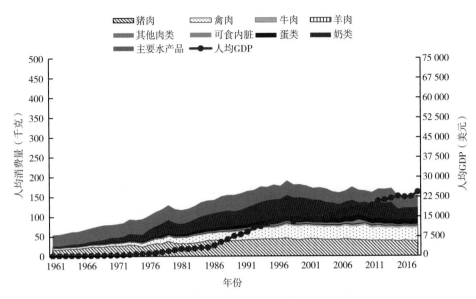

图3-9　中国台湾地区的人均GDP及人均肉蛋奶消费量变化趋势（数据来源：World Bank，FAO）

总体上看，中国台湾地区的肉类消费与全球变化趋势是基本相同的。随着人均GDP的增长，人均猪肉消费量达到最高点后出现小幅下降的趋势，但仍为主要消费肉类；人均禽肉消费量持续增长，消费量略低于猪肉；人均牛羊肉消费量增速较快，但消费量有限，且不具备大幅增长潜力。人均蛋类消费量、人均奶类消费量将保持相对稳定。

五、小　结

根据FAO的统计数据，2017年中国的人均动物产品日消费量达到439.6克（动物产品包括肉类、蛋类、奶类、主要水产品以及动物脂肪等），略低于世界平均水平的453.1克。其中人均肉类（含可食内脏）日消费量、人均蛋类日消费量和人均主要水产品日消费量均远超过世界平均水平，但人均奶类日消费量仅为世界平均水平的1/3，更是远低于世界主要的奶类消费大国的人均日消费量，仅与中国台湾地区消费量相当。奶类生产和供应是我国畜牧业与美国、德国等发达国家最主要的差距（图3-10）。

美国是世界最富裕的国家和肉类产量第二大的国家，与美国的对标分析发现，其人均猪肉消费量十分稳定，人均牛肉消费量已长期处于下降趋势，而人均禽肉消费量则于1993年后成为美国的第一大消费肉类并长期处于上升趋势。美国的人均蛋类消费量长期缓慢下降后日渐趋稳，人均奶类消费量则长期稳定在高位。可见，经济发展对于促进肉类消费，尤其是禽肉消费增长的动力更为强劲。

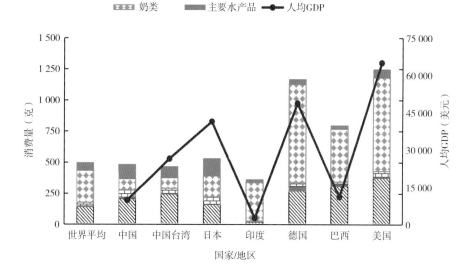

图3-10　2017年主要国家/地区的人均GDP及动物产品人均日消费量（数据来源：FAO）

　　德国的肉类消费结构与中国非常相似，都是以猪肉消费为主，禽肉消费次之，牛羊肉消费再次之[18]。但德国在20世纪90年代开始出现人均猪肉消费量下降趋势，而同期的人均禽肉消费量则出现快速增长的趋势。**德国的人均蛋类消费量在后期也出现下降趋势，但人均奶类消费量则长期保持了缓慢增长的趋势。**对标分析的结果是，**我国的人均猪肉消费量占比或不可避免持续下降，但仍将长期占据第一肉类的地位，同时人均禽肉消费量将快速增长，并逐渐接近人均猪肉消费量；未来人均蛋类消费量和人均奶类消费量或趋于稳定。**

　　日本人的饮食结构被公认为是世界最健康的，其特点是相对平衡的多元化消费和少肉多水产的消费偏好。我国的饮食结构与日本有相似之处，结构相对均衡，同时人均蛋类消费量和人均主要水产品消费量也相对较高。对标分析的结果是**我国的人均肉类消费量增长可能逐渐趋缓，人均蛋类消费量停止增长但消费方式会发生结构性的变化，人均奶类消费量还有一定的提升空间。**

　　中国台湾地区在人均动物产品消费量和消费结构上均与中国大陆十分相似，人均肉类消费量、人均蛋类消费量、人均奶类消费量变化趋势表现为随着人均GDP的增长前期快速增长、后期缓慢下降。中国大陆与中国台湾地区两岸人民同宗同源，饮食消费习惯和畜禽饲养品种基本相同。因此，研究中国台湾地区的畜牧业生产发展和人均肉类、蛋类、奶类消费量的演变过程，对于分析预测我国未来的人均肉类消费量、人均蛋类消费量、人均奶类消费量的变化趋势具有重要的参考意义（图3-11）。

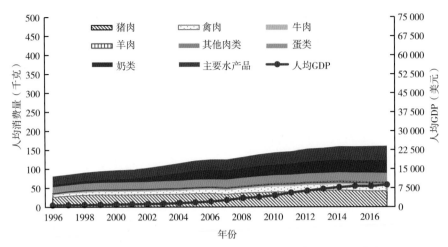

图3-11　中国的人均GDP及人均肉蛋奶消费量变化趋势（数据来源：国家统计局，FAO，IMF）

第四节　未来中国畜产品进出口贸易前景分析

国际肉类贸易的主要品种是禽肉、猪肉、牛肉和羊肉。主要的出口国家同时也是各个品种的生产大国。我国的肉类出口，早期的以出口换汇为主，近年来禽肉进出口相对平衡，以出口高附加值产品和进口国内结构性短缺产品为主，红肉还将较长时间依靠进口补充。

一、肉类进出口贸易展望

根据FAO的数据，世界最主要的肉类生产国和地区分别是中国、美国、欧盟28国和巴西，其合计产量占到世界肉类总产量的63%。全球肉类产量前50位的国家和地区，合计肉类产量占世界肉类总产量的92%。其中俄罗斯是肉类产量增速最快的国家之一，2015—2017年，肉类产量的年复合增长率达到6%，按照国家排序，俄罗斯的肉类产量排在中国、美国和巴西之后，位居世界第4位，基本完成了其21世纪初定下的畜产品自给自足的战略目标。此外，缅甸（CAGR，9.2%，第21位）、土耳其（CAGR，6.8%，第17位）、巴基斯坦（CAGR，5.8%，第25位）和越南（CAGR，4.8%，第11位）是2005年以来肉类产量增速最快的国家。

根据FAO公布数据，2015年以来世界肉类总贸易量保持持续增长态势，其中牛肉和鸡肉的国际贸易量有不同程度的增长，猪肉贸易量受到中国进口量变化的影响，4年间的贸易量有较大波动。2018年全球牛肉和猪肉出口量统计同比分别增长5%

和1.4%，禽肉和羊肉的出口贸易量同比增长1.3%和5.5%。世界肉类总贸易量占肉类产量的10%，达到3 360万吨，其中禽肉贸易量占总贸易量的40%，牛肉和羊肉分别占比32%和3%，猪肉贸易量占总贸易量的25%。美国、欧盟和巴西是主要的肉类出口国家和地区。中国、日本、韩国、中国香港和墨西哥是世界主要的肉类进口国家和地区。中国是世界最大的肉类生产国，同时也是最大的进口国，其最主要的驱动力是肉类生产和消费的结构性短缺；美国是世界最大的牛肉生产国，同时也是世界第二大牛肉进口国和世界第四大牛肉出口国，其目的是利用国际贸易调整国内牛肉供应的数量和完善产品供应的结构，日本是世界最大的鸡肉进口国和主要的猪肉和牛肉进口国之一，其肉类总供应量的50%依靠进口。

（一）猪肉的进出口贸易展望

根据FAO发布的展望报告（以博亚和讯数据校正2016—2018年中国猪肉产量），2018年全球猪肉产量达到1.223亿吨，同比增长1.4%。根据FAO的统计数据，世界十大猪肉生产国2018年的产量占到世界猪肉总产量的90.6%，其中中国的产量占世界总量的46%，相比2014年49%的最高纪录减少3个百分点。欧盟和美国的猪肉产量，分别占全球总量20%和10%（图3-12）。

非洲猪瘟疫情和国际贸易摩擦改变了世界猪肉贸易的格局。根据博亚和讯的测算和分析，2019年中国猪肉产量因非洲猪瘟疫情下降25.6%，即使美国、巴西、俄罗斯等几个主要猪肉生产国的猪肉产量实现了不同程度的增长，仍然导致全球猪肉产量下降近10%。由于中国的猪肉产量占世界总产量的接近一半，中国猪肉产量的变化直接影响着全球产量和贸易量及流向。中国猪肉供应量的下降和主要进口国需求量的增加，将导致猪肉的国际贸易局势随之改变，而且将因为非洲猪瘟疫情的持续扩散而存在诸多的不确定性。

过去4年，受到中国2016年大幅增加猪肉进口以弥补国内供应不足，之后两年又因为国内产量增加而较大幅度减少进口的影响，国际猪肉贸易量产生波动。2017年猪肉的出口贸易量和进口贸易量均发生下降，2018年则由于墨西哥、韩国、菲律宾进口量增加，猪肉进口贸易量同比小幅回升。根据美国农业部的数据，2018年世界猪肉出口贸易量达到844万吨，同比增长1.7%。欧盟、美国、加拿大和巴西是世界主要猪肉出口国和地区，2018年合计出口猪肉765万吨，超过世界猪肉总贸易量的90%（表3-10、表3-11）。

根据美国农业部和FAO的分析报告，2019年世界猪肉贸易量超过900万吨，同比增加13%，欧盟和美国仍将是最主要的猪肉出口国，巴西的出口量增长最快，但总量较少。预计2020年全球猪肉贸易量可能达到1 000万吨以上。

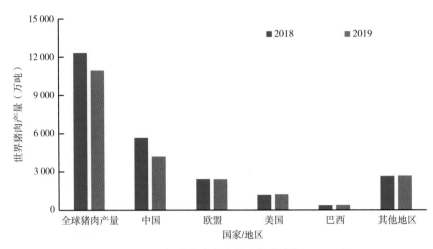

图3-12　2019年世界猪肉产量（数据来源：FAO）

表3-10　世界猪肉出口贸易量统计　　　　　　　　　　　（单位：万吨，%）

序号	国家/地区	2015	2016	2017	2018	2019	同比增长
1	欧盟	239	313	286	293	325	10.8
2	美国	227	238	255	266	280	5.2
3	加拿大	124	132	135	133	139	4.5
4	巴西	63	83	79	73	90	23.3
5	智利	18	17	17	20	22	10.0
6	墨西哥	13	14	17	18	19	3.9
7	中国	23	19	21	20	16	−21.2
	其他国家合计	17	19	21	21	18	−14.9
	全球，总计	724	835	831	844	909	7.5

数据来源：美国农业部，博亚和讯

表3-11　世界猪肉进口贸易量统计　　　　　　　　　　　（单位：万吨，%）

序号	国家/地区	2015	2016	2017	2018	2019	同比增长
1	中国	103	218	162	156	208	33.3
2	日本	127	136	148	148	153	3.0
3	墨西哥	98	102	108	119	124	4.0

（续表）

序号	国家/地区	2015	2016	2017	2018	2019	同比增长
4	韩国	60	62	65	75	70	-7.0
5	美国	51	50	51	47	46	-3.6
6	中国香港	40	43	46	42	38	-11.3
7	菲律宾	18	20	24	29	32	10.1
8	加拿大	22	22	22	23	26	9.4
9	澳大利亚	22	21	22	22	23	6.5
10	哥伦比亚	6	7	10	13	15	17.2
11	俄罗斯	41	35	37	9	14	55.2
	其他国家合计	85	85	94	108	119	10.5
	全球，总计	673	801	789	791	868	9.3

注：中国的猪肉进口量统计未包括猪副产品，2019年中国进口猪副产品105万吨

数据来源：美国农业部，博亚和讯

受非洲猪瘟疫情影响，预计2020年中国猪肉产量继续同比大幅度下降，此后的几年里将逐渐恢复；但与此同时出于对非洲猪瘟病毒的恐惧和猪肉价格的快速上涨，中国的猪肉消费量也将下降。未来几年内猪肉和猪副产品进口量总体判断会同比增长，并且2020年有很大可能性会超过2016年和2019年的进口量。但也存在一定的不确定性：第一，欧盟是中国猪肉进口的最大输出地，但其本身也有非洲猪瘟的局部疫情发生，从控制疫情传入风险的角度考虑，中国应强化从欧盟进口猪肉的检疫力度。第二，北美是中国猪肉第二大输入地，但中美贸易摩擦造成猪肉进口的高关税抑制了进口量，加拿大输华猪肉被检出莱克多巴胺残留超标以及更加严重的伪造卫生证书事件，进口被暂停；虽然北美猪肉贸易存在诸多不确定因素，但由于中国猪肉供需缺口较大，预计来自北美的猪肉进口量同比仍将增大。第三，巴西对华猪肉出口量大增，但其总出口量只有90万吨左右，对华出口增量只能部分弥补欧盟和北美对中国出口的减少量。根据博亚和讯的预测，2020年中国将进口猪肉和猪副产品合计超过400万吨，同比增长近30%，约占世界猪肉进口贸易总量四成；未来几年，随着中国生猪产业的恢复及猪肉产量的增长，猪肉进口量将持续回落。

（二）禽肉的进出口贸易展望

受非洲猪瘟疫情影响，猪肉产量将较大幅度下降，贸易量相应增长。禽肉尤其

是鸡肉，以其高效率和短周期，成为快速替代猪肉填补供应短缺的最佳选择。综合分析美国农业部、荷兰合作银行和粮农组织的报告和数据，2019年世界禽肉产量保持增长并创造历史新高，产量达到1.331亿吨（博亚和讯根据自有数据库测算的中国禽肉产量，校正FAO数据得到的预测值），同比增长4%。其中美国和巴西禽肉产量保持持续增长，增幅均在1%；欧盟产量基本持平；中国由于非洲猪瘟疫情造成肉类供应量大幅下降，禽肉产量得到更大市场空间，驱动产量快速增长，2019年禽肉产量达到2 665万吨（图3-13）。预计2020年中国禽肉产量将超过2 800万吨，同比增长5%以上；世界禽肉贸易量也将增长，其中鸡肉贸易量所占比例或进一步提高。

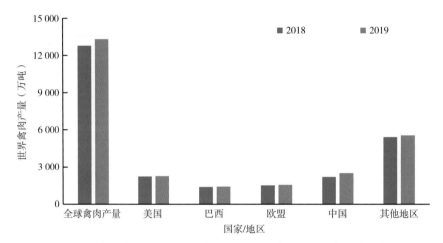

图3-13　2019年世界禽肉产量增长（数据来源：FAO，博亚和讯家禽生产及产量预测系统）

根据FAO发布数据，禽肉统计主要包括鸡肉、鸭肉、鹅肉和火鸡肉等产品。据博亚和讯校正的分析结果，2017年全球禽肉产量中，鸡肉占比86%，鸭肉和鹅肉分别占比6%和1%，火鸡肉占比5%。美国、中国和巴西是世界最大的鸡肉生产国，产量都在千万吨以上；中国是世界最大的水禽肉生产国，鸭肉和鹅肉产量分别占全球产量的82%和92%；美国、巴西和德国是世界最大的火鸡肉生产国，产量分别占全球产量的46%、10%和8%。鸭肉、鹅肉和火鸡肉等产品均有较强的地域性，禽肉的世界贸易量以鸡肉为主，根据FAO统计数据，禽肉进出口量中92%以上均为鸡肉（表3-12，表3-13）。

根据美国农业部发布的数据，2018年全球的鸡肉出口贸易量为1 124万吨，同比增长1.9%。巴西、美国和欧盟分别位居世界鸡肉出口国/地区的前3位，合计出口量占全球总出口量的75%；泰国、中国和土耳其位列其后，泰国的鸡肉出口目的国在2018年新增了中国，而且进口量增长较快。鸡肉出口量增速最快的国家为乌克兰，5年间鸡肉出口量增长2.6倍，2018年鸡肉出口量为32万吨。

2018年世界鸡肉进口贸易量达到935万吨，同比增长0.5%。日本仍然以107万吨的进口量居世界鸡肉进口量的世界第一位，同比增长1.7%。墨西哥和欧盟位居其后，进口量实现小幅增长；伊拉克和沙特阿拉伯的鸡肉进口量排在世界第4和第5位，2018年的进口量均出现下降，下降幅度分别为2.6%和13%。其他的鸡肉进口量增长速度较快的国家包括安哥拉、南非和委内瑞拉。预计俄罗斯的鸡肉进口量将持续减少并控制在10万吨以内，主要原因是肉鸡业在俄罗斯政府的支持下发展迅速，并计划在2020年达到100%自给自足，2018年的自给率已经达到98.5%，其战略目标的完成指日可待。

表3-12　世界禽肉出口贸易量统计　　　　　（单位：万吨，%）

序号	国家/地区	2015	2016	2017	2018	2019	同比增长
1	巴西	384	389	385	369	378	2.4
2	美国	293	309	314	324	327	0.9
3	欧盟	118	128	133	143	146	2.2
4	泰国	62	69	76	84	94	12.0
5	土耳其	29	26	36	42	49	16.0
6	中国	40	39	44	45	43	-4.9
7	乌克兰	16	24	26	32	35	10.4
8	白俄罗斯	14	15	15	17	16	-6.6
9	俄罗斯	7	10	12	13	14	5.5
10	阿根廷	19	16	18	12	13	4.8
11	加拿大	13	13	13	12	13	4.8
	其他国家合计	35	35	31	32	34	7.2
	全球，总计	1 030	1 073	1 103	1 125	1 162	3.2

数据来源：美国农业部，博亚和讯

表3-13　世界禽肉进口贸易量统计　　　　　（单位：万吨，%）

序号	国家/地区	2015	2016	2017	2018	2019	同比增长
1	日本	94	97	106	107	110	2.4
2	墨西哥	79	79	80	82	84	2.4
3	欧盟	73	76	69	70	72	2.4
4	伊拉克	63	66	66	64	64	0.2
5	沙特阿拉伯	86	94	75	65	60	-7.7

序号	国家/地区	2015	2016	2017	2018	2019	同比增长
6	中国	27	43	31	34	58	68.1
7	南非	44	50	51	52	55	4.6
8	阿联酋	38	38	38	40	40	1.3
9	菲律宾	21	24	27	32	36	10.9
10	安哥拉	22	21	27	32	30	-5.4
	其他国家合计	328	349	362	357	362	1.4
	全球，总计	875	937	932	935	971	3.7

数据来源：美国农业部，博亚和讯。

未来鸡肉出口贸易量将保持增长趋势，预计2020年全球鸡肉出口量为1 200万吨左右，同比大幅增长，增量主要来自中国以及中东国家和撒哈拉以南非洲国家的消费需求增长。土耳其和乌克兰作为新兴的鸡肉出口国，以其区位优势在这些市场上形成对传统出口国美国和巴西的强力挑战。由于中国解除了对来自美国的鸡肉产品的进口禁令，加之美国在世界其他市场的出口量增加，美国还将维持其世界第二大鸡肉出口国地位。巴西是世界鸡肉出口量最大的国家，在替代美国成为中国最大的鸡肉进口国之后，对华出口量占中国总进口量的比例一度高达85%，2018年以后，随着泰国对华出口量的大幅增加和在运输成本上的优势，巴西输华鸡肉占比降到目前的70%。

2020年，鸡肉进口贸易量预计将继续增长，达到1 000万吨左右。日本的鸡肉进口量预计仍将增长2.4%左右，仍然是世界最大的鸡肉进口国。其他鸡肉主要进口国家和地区，如欧盟、韩国、伊拉克和墨西哥的鸡肉进口量将保持持续小幅增长；沙特阿拉伯和安哥拉的鸡肉进口量预计减少，同比降幅分别将达到7.7%和5.4%。鸡肉进口量较大幅度增长的国家是菲律宾和南非，预计同比分别增长11%和5%。中国鸡肉进口量将大幅增长，预计增长26%。

总体来说，未来5年中国仍将是禽肉的净进口国，但净进口数量将会降低到10万吨以内。目前的进口国主要是巴西和美国，泰国和俄罗斯潜在增长能力较强。我国的禽肉出口还将随着产品质量的提高和与欧盟、美国准入谈判获得更多的配额，出口量还将增加。在未来几年中国生猪产业恢复期内，禽肉将成为主要的替代性产品，因此禽肉产量将进一步快速增长，世界主要禽肉出口国也将有更多的机会将产品出口到中国。未来10年，可以预计中国与世界主要禽肉出口国仍将保持禽肉贸易的互补型特征，进出口数量趋于基本平衡，贸易额保持顺差。

（三）牛肉的进出口贸易展望

根据FAO发布数据，2018年全球牛肉产量为7 115万吨，同比增长8.3%。牛肉产量的大幅增长同时得益于出栏活牛数量和牛胴体重的增长。全球最大的牛肉生产国家和地区分别是美国、巴西、欧盟、中国和印度。其中美国已多年保持世界最大牛肉生产国的地位；巴西是传统的牛肉生产国，2006年之前牛肉一直是巴西国内最大的消费肉类；印度是过去10年牛肉产量增长最快的国家，10年的产量增幅达到59%，年均复合增长率接近5%。根据美国农业部的数据，2018年以上5国合计牛肉产量达到4 092万吨，占世界总产量的57%。

根据美国农业部数据，2018年世界牛肉出口贸易总量为1 056万吨，同比增长6%。巴西、印度和澳大利亚占据世界牛肉出口量前3位，出口量分别达到208万吨（同比增长12%）、156万吨（同比下降16%）和166万吨（同比增长12%）。美国和新西兰的牛肉出口分列第4和第5位，其中美国出口量增长10%，新西兰出口量增长7%。此5国合计牛肉出口量为736万吨，占世界牛肉出口贸易量的70%（表3-14）。

2018年世界牛肉进口贸易总量为861万吨，同比增长8.6%。主要牛肉进口国家和地区包括中国、美国、日本、韩国和中国香港，2018年合计牛肉进口量达到482万吨，占世界牛肉进口贸易量的56%（表3-15）。美国曾经是世界最大的牛肉进口国，但2018年被中国超过。中国在2013年突然从牛肉净出口国转变成净进口国，受到国内牛肉消费需求快速增长和国产牛肉增长有限的双重支撑，未来中国的牛肉进口量将长期保持世界第一。日本是世界上最稳定的牛肉进口国，尤其是2011年发生海啸后，牛肉进口量增长16%。俄罗斯由于政府有意识地增加牛肉的自给率，并大力支持国内养牛业的发展，进口量趋于零增长，并于2018年完成自给自足。

表3-14　世界牛肉出口贸易量统计　　　　　（单位：万吨，%）

序号	国家/地区	2015	2016	2017	2018	2019	同比增长
1	巴西	171	170	186	208	221	6.1
2	印度	181	176	185	156	170	9.3
3	美国	103	116	130	143	148	3.1
4	澳大利亚	185	148	149	166	158	−5.2
5	新西兰	64	59	59	63	59	−6.8
6	阿根廷	19	22	29	51	58	14.2
7	加拿大	40	44	46	50	53	4.6
8	乌拉圭	37	42	44	47	44	−5.6

（续表）

序号	国家/地区	2015	2016	2017	2018	2019	同比增长
9	欧盟	31	35	37	35	36	2.6
10	巴拉圭	38	39	38	37	36	−2.7
11	墨西哥	23	26	28	31	34	9.7
	其他国家合计	65	66	67	69	68	−0.1
	全球，总计	957	943	998	1 056	1 085	2.7

数据来源：美国农业部，博亚和讯

表3-15　世界牛肉进口贸易量统计　　　　（单位：万吨，%）

序号	国家/地区	2015	2016	2017	2018	2019	同比增长
1	中国	66	81	97	147	168	14.5
2	美国	153	137	136	136	137	0.4
3	日本	71	72	82	87	89	2.9
4	韩国	41	51	53	58	60	3.1
5	中国香港	34	45	54	54	55	1.7
6	俄罗斯	62	52	52	48	50	3.5
7	欧盟	36	37	34	37	37	−1.4
8	埃及	36	34	25	30	33	10.0
9	智利	25	30	28	32	33	2.5
10	加拿大	27	24	23	23	25	7.3
11	墨西哥	18	19	20	20	22	6.4
	其他国家合计	195	186	190	189	192	1.4
	全球，总计	764	768	794	861	901	4.4

数据来源：美国农业部，博亚和讯

　　2019年世界牛肉产量达到7 260万吨，同比增长约1.5%。世界主要的牛肉生产国如美国、巴西、中国、印度和墨西哥，都将不同程度的增加产量，最主要的动力是来自国际牛肉出口市场，尤其是中国内地和中国香港牛肉进口大幅增长的刺激。受到气候的影响，澳大利亚牛肉产量下降。

2020年世界牛肉贸易量预计将继续增长。中国（包括中国香港和中国内地）、美国、日本、韩国和欧盟占据牛肉进口量最大的前5位，预计中国的进口量增长幅度最大，或增长10%以上。中国从澳大利亚进口活牛的数量预计减少，一是因为澳大利亚连续多年干旱造成肉牛和母牛存栏数量减少，以及大量出栏屠宰造成的出口供应量减少；二是澳大利亚与印度尼西亚签署的经济伙伴协议，要保证对印尼出口活牛数量。阿根廷、乌拉圭、巴拉圭、印度和巴西等国家出口量或增长幅度较大，作为传统的牛肉出口大国，美国出口量预计持平或小幅下降。

中国既是牛肉的主要生产国，也是最大的牛肉进口国。预计未来牛肉产量将有小幅增长；同时，在国内需求量增长的推动下，牛肉进口量将继续大幅增长。从中长期来看，肉牛产业生产周期较长，同时受制于国内资源短缺的现状，牛肉产量难以实现大幅度的增长，为了满足不断增长的国内消费需求，未来牛肉的进口量仍将保持增长趋势。

（四）羊肉的进出口贸易展望

根据FAO发布数据，2018年世界羊肉总产量为1 530万吨，中国、欧盟、澳大利亚、印度、巴基斯坦、新西兰等是主要的羊肉生产国，羊肉产量占世界53.1%。2018年世界羊肉出口贸易总量为104.24万吨，同比增长6.3%。澳大利亚和新西兰是世界主要的羊肉出口国家，占据世界羊肉出口量前两位，出口量分别达到49.3万吨（同比增长8.6%）、40.9万吨（同比增长3.3%）。两国合计羊肉出口量达到90.2万吨，占世界羊肉出口贸易量的86.2%。我国羊肉出口量一直较低，2018年羊肉出口量仅0.34万吨，对羊肉国际贸易影响很小（表3-16）。

2018年世界羊肉进口贸易总量为103.0万吨，同比增长5.9%。中国、欧盟、美国是世界主要的羊肉进口国家和地区，分别占据世界羊肉进口量的前3位，进口量分别达到31.92万吨（同比增长30.9%）、14.0万吨（同比无变化）、12.5万吨（同比增长2.5%）。3国合计羊肉进口量达到58.42万吨，占世界羊肉进口贸易量的56.7%（表3-17）。

表3-16　世界羊肉出口贸易量统计　　　　（单位：万吨，%）

序号	国家/地区	2015	2016	2017	2018	2019	同比增长
1	澳大利亚	45.8	44.2	45.4	49.3	47.1	-4.5
2	新西兰	41.8	38.7	39.6	40.9	40.4	-1.2
3	欧盟	22.6	23.7	3	2.5	2.6	4.0
4	印度	2.2	2.1	2.3	1.9	1.8	-5.3
5	俄罗斯联邦	0	0	0	1.2	1.6	33.3

（续表）

序号	国家/地区	2015	2016	2017	2018	2019	同比增长
6	美国	0.3	0.3	0.4	0.4	0.4	0
7	中国	0.40	0.42	0.53	0.34	0.20	−42.5
	其他国家合计	7.5	6.8	7.6	7.7	8.0	3.9
	全球，总计	120.60	116.22	98.83	104.24	102.10	−2.0

数据来源：FAO，博亚和讯

表3-17　世界羊肉进口贸易量统计　　　（单位：万吨，%）

序号	国家/地区	2015	2016	2017	2018	2019	同比增长
1	中国	22.30	22.04	24.39	31.92	39.23	22.9
2	欧盟	35.3	35.5	14.0	14.0	13.8	−1.4
3	美国	10.4	10.4	12.2	12.5	12.3	−1.6
4	沙特阿拉伯	6.1	4.5	4.5	4.2	4.1	−2.4
5	伊朗	0.4	0.4	1.4	3.8	4.0	5.3
	其他国家合计	40.1	38.6	37.3	36.6	36.1	−1.4
	全球，总计	114.60	111.44	93.79	103.02	109.53	6.3

数据来源：FAO，博亚和讯

自1996年以来我国羊肉进口量一直大于出口量，但净进口量较小。2013年以后国内羊肉消费需求猛增，羊肉供不应求状况加剧，羊肉价格出现快速上涨，我国羊肉的进口量持续增加。2018年我国羊肉进口量达到31.92万吨，占到当年世界羊肉进口贸易量的31%。受国内猪肉产量下降以及价格上涨影响，预计近几年我国的羊肉消费量将会保持较快增长趋势。

根据国家统计局、农业农村部等公布的数据，近年来我国羊存栏量逐渐稳定；而随着牧区资源趋于紧张以及农区养殖积极性的下降，我国未来羊肉产量增长空间下降，养羊业总体发展将趋于稳定。

可以预见，如果国产羊肉供应量无法继续满足需求，而全球主要出口国的羊肉出口量有限，未来羊肉进口需求将持续增加，价格持续走高。从长远看，我国未来的羊肉产量将不能满足国内的需求，需要进口羊肉的补充，而出口将维持目前趋近于零的状态。预计羊肉年进口量将保持在35万吨以上。

二、蛋类进出口贸易展望

近10年来，蛋类国际贸易量呈增长趋势，但世界各国的蛋类进出口贸易量均极为有限。2017年全球蛋类进口量为306万吨，出口量为314万吨，分别占世界蛋类总产量的3.5%和3.6%；其中一半以上的贸易量是发生在欧洲国家之间，大部分是在欧盟国家之间流通。以美国为例，2017年蛋类进口量为3.9万吨，出口量为26.1万吨，分别仅占其蛋类产量625.9万吨的0.6%和4.2%。

近年来，我国禽蛋产品的净出口量基本保持在5万～10万吨。结合我国鲜蛋为主的消费方式，预计未来蛋类进出口贸易量均有限，相对于我国蛋类产量来说，几乎没有任何影响。

三、奶类进出口贸易展望

我国的奶类产量在"十五"和"十一五"期间高速增长；进入2008年后增长速度明显放缓，2016年以后我国奶类产量甚至出现下降趋势。预计2020年的全国奶类产量仍将保持下降趋势。综合考虑目前国内的牛奶生产能力和可利用资源状况，未来一段时间内国产奶类产量将很难有大幅度的提高，国内奶类消费的增加将仍然部分依靠进口增长。从我国乳制品进口量折合的原奶产量来看，从2013年以后就一直维持在1 000万吨以上，2019年进口量达到1 811万吨，净进口量已经相当于国内原奶产量的56%，未来的进口量还将持续增加（图3-14）。

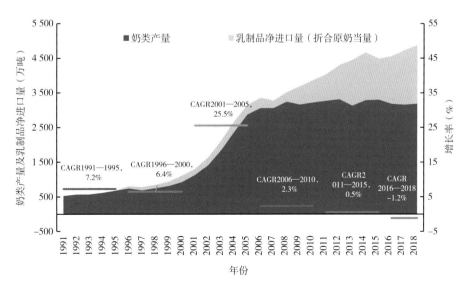

图3-14　1996—2018年中国奶类产量、增长率以及乳制品净进口量（折合原奶产量）
（数据来源：农业农村部，国家统计局）

第五节　2030年中国畜产品人均消费量变化趋势分析

一、未来畜产品消费趋势影响因素分析

根据1996—2018年中国肉蛋奶产量及进出口贸易量进行测算，截止到2018年人均肉类表观消费量67.8千克（其中猪肉、禽肉、牛肉、羊肉分别为42.0、16.2、5.4、3.6千克），人均禽蛋表观消费量22.4千克，人均奶类表观消费量34.9千克（表3-18）。

表3-18　我国人均GDP及人均肉蛋奶表观消费量变化趋势　（单位：千克，%）

项目	1996	2000	2005	2010	2015	2018	CAGR 1996—2018
人均GDP（美元）	709	959	1 766	4 524	8 167	9 608	12.6
人均肉类表观消费量	37.0	47.2	52.9	62.4	67.4	67.8	2.8
其中：猪肉	25.7	31.4	34.7	38.9	42.1	42.0	2.3
禽肉	6.8	9.7	10.6	15.3	16.5	16.2	4.1
牛肉	2.7	3.4	4.3	4.6	4.8	5.4	3.3
羊肉	1.5	2.1	2.7	3.1	3.4	3.6	4.2
人均蛋类表观消费量	16.1	17.2	18.6	20.7	22.2	22.4	1.5
人均奶类表观消费量	6.5	8.7	24.1	28.8	32.6	34.9	7.9

数据来源：国家统计局，IMF，博亚和讯

据FAO研究显示，发展中国家畜产品需求量上涨的驱动因素包括人口数量增长，经济增长和人均收入增加，城镇化进程等。其中，经济收入增长水平通常被认为是肉蛋奶消费的最大动力。近数十年来，全球经济空前增长，各国人均收入迅速增加；发展中国家在过去的几十年中人均肉蛋奶消费量迅速增长，其人均消费量增长速度明显超过其他主要食品类别。

通过与美国、德国、日本和中国台湾地区对标研究发现，中国人均肉类、蛋类、奶类的消费变化及产品结构均与中国台湾地区最为相似；因此本研究主要以中国台湾地区的人均肉蛋奶消费量作为类比参考。

（一）由人口数量增长带来的消费需求刚性增长将逐步消失

据《国家人口发展规划（2016—2030年）》预计[①]，2020年全国人口总量将达到14.2亿人，2025年达到14.4亿人，2030年达到14.5亿人；预计2017—2020年我国人口数量年均增速为0.6%，在2020—2030年人口数量年均增速将下降至0.2%。我国在2030年前后将出现人口高峰，此后人口数量将出现下降。十八届五中全会以后，我国全面放开两孩政策；2016—2018年全国出生人口数量为1 786万人、1 723万人、1 523万人；就目前实际效果来看，该政策对生育行为的影响小于预期。因此，预计我国的人口高峰可能会提前几年出现。单纯的人口数量的增长对消费量增长的贡献是逐渐下降的，并将最终趋于消失。

（二）我国人均GDP将持续增长，但对消费增长的拉动将逐渐减弱

根据世界银行的统计，人均GDP在5 000美元以下的阶段，人均肉类消费量快速增长；超过5 000美元后增长幅度减缓；超过30 000美元后，部分国家/地区的人均肉类消费量呈现下降趋势[19]；同时，饮食和消费习惯也是肉蛋奶消费的重要决定性因素之一，就世界各地的消费情况来看，仅有德国和中国台湾地区的肉类消费习惯、消费结构同中国类似，其肉类消费发展趋势可供参考；同时我国蛋类消费习惯均以消费鲜蛋为主，蛋品加工量较少，奶类消费则与典型的西方式消费完全不同，仅以中国台湾地区作为参考。

据国际货币基金组织公布数据，2018年我国人均GDP 9 608美元，处于相对较低水平，未来仍将持续增长；与此同时，我国人均肉类、蛋奶表观消费量为67.8、22.4、34.9千克；而人均GDP达到9 000美元时，德国的人均肉类、蛋类、奶类消费量分别为92.2、17.0、189.0千克，中国台湾地区的人均消费量分别为67.7、8.6、44.2千克。据IFM预计，2020年中国人均GDP将超过1.1万美元，相当于欧洲20世纪80年代和中国台湾地区20世纪90年代水平，德国的人均肉类、蛋类、奶类消费量分别为93.5、16.8、190.8千克，中国台湾地区的人均消费量分别为73.9、10.6、48.6千克。

研究发现，中国台湾地区的人均肉类消费量在2000年前后进入消费平台期，此后人均猪肉消费量出现长期窄幅波动，但禽肉消费仍持续增长了近10年。可见，与同等人均收入的国家/地区相比较，我国的人均猪肉消费量处于相对高位，尽管未来人均GDP尚有增长空间，但预计对肉类消费量增长空间的影响将逐渐减弱。

（三）城镇化对于禽肉、奶类等的拉动作用较强，对猪肉、蛋类等产品城乡消费影响不大

从我国近20年的城乡肉类消费增长态势来看，猪肉的城乡消费渐趋稳定，消费

---

① 该预测中已经考虑了两孩政策的影响

量差异较小，城镇化拉动增长空间有限；而禽肉的城乡消费差异较大，由于禽肉在城镇化过程中提供了大量廉价的动物蛋白，因此城镇化进程对禽肉消费拉动的作用更明显；牛羊肉的城乡消费也存在一定的差异，但由于消费的绝对量有限，因此牛羊肉消费量变化对于肉类消费的影响较小。

蛋类产品作为我国居民生活中性价比最高的优质蛋白源，城镇居民的消费量比农村居民消费量高28.6%；但城镇居民的人均奶类消费量比农村居民高139.1%。因此，城镇化对奶类消费的促进作用将更为显著。

未来我国城镇化率每年将提升1个百分点，至2030年达到70%；城镇化对畜产品消费拉动作用主要体现在禽肉、奶类消费方面，对猪肉、蛋类等城乡消费差异较小产品的消费量影响不大。

（四）老龄化对畜产品消费的影响将在2025年后显著增强

德国作为世界上老龄化程度最高的国家之一，表现出总体肉类消费量减少、蛋类消费量相对稳定、奶类消费量持续增加，在肉类结构变化上表现出猪肉消费基本稳定，禽肉消费量增加而牛肉消费量减少的典型特征。据《国家人口发展规划（2016—2030年）》，我国60岁及以上老年人口在"十三五"时期将平稳增长，2021—2030年增长速度将明显加快，到2030年占比将达到25%左右。老龄化将对肉类消费量及结构产生一定影响，肉类消费量减少，其中猪肉和牛羊肉等红肉的消费量将逐渐下降，禽肉将稳定或小幅增加；对蛋类消费量基本没有影响，奶类消费量或将适当提高。

对比可知，我国在2015—2020年的老龄化水平同中国台湾地区2010—2015年接近，2020—2025年老龄化水平同德国1960—1990年相当；2025—2030年人口老龄化水平同德国1990—2005年接近。但中国存在未富先老现象，2018年中国人均GDP仅相当于中国台湾地区20世纪90年代初期的水平，2020年人均GDP相当于中国台湾地区90年代水平，2025年人均GDP相当于中国台湾地区2000年水平，2030年人均GDP相当于中国台湾地区2010年前后的水平。综合预计，老龄化对中国人均畜产品消费的影响将在2025年后才会逐渐显现。

（五）非洲猪瘟疫情或将严重影响我国畜产品人均消费量，并改变消费结构

受非洲猪瘟疫情影响，未来中国乃至世界猪肉产量均将产生较大幅度的下降，预计中国猪肉产量将连续两年大幅度下降；预计至少需要5年的时间我国生猪产业才能逐步恢复发展，乐观预计到2025年或将重新回到供求紧平衡的状态，但无法再达到2014年的供应量高点。

随着猪肉产量的下降，我国猪肉供给将持续不足，牛羊肉受制于资源及生产

周期的影响很难实现快速增长，禽肉将成为目前唯一能够快速补充肉类供应量的替代性产品。农业农村部在积极促进生猪生产恢复的同时，也提出"推动肉类结构调整，引导增加禽肉等替代品生产"等相关措施。因此，随着肉类生产结构的变化，我国人均猪肉消费量下降的同时，人均禽肉消费量将快速增长。

猪肉供应量下降将导致人均消费的动物性蛋白质减少，因此未来我国蛋类产品和奶类产品的供应量、消费量同样将表现出增长趋势；由于关联性较强，预计蛋类产品供应和消费增长趋势比奶类产品更为显著。

二、未来畜产品人均消费量变化趋势

（一）未来肉类消费量增长空间有限，将出现先降后增的趋势

据FAO对人均肉类消费量与人均GDP之间的关系研究显示，在收入水平较低的国家，收入增加极大地促进了肉类消费量的增长；在人均GDP较高的国家，收入上涨对肉类消费量增长影响较小。

根据与中国台湾地区对标及人均GDP增长研究结果，以人口数量、人均GDP增长及城镇化发展情况为依据，参考中国台湾地区的经验，2019年中国人均GDP已超过10 000美元，因此预计未来人均肉类消费量还将继续保持增长趋势。

根据FAO对人均GDP和肉类消费量关系研究，以人均GDP为自变量对中国人均肉类消费量进行回归预测（R^2=0.935 1）及相关系数显著性检验[20]，结果显示①，人均GDP与人均肉类消费量相关性极显著（图3-15）。理论预计，2020年中国人均肉类消费量将到达69.4千克，2025年中国人均肉类消费量将达到72.9千克，2030年中国人均肉类消费量将达到75.9千克（图3-16）。

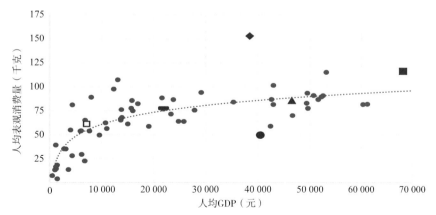

图3-15　世界各国家/地区的人均肉类表观消费量与人均GDP关系（数据来源：FAO）

注：红色标注从左向右依次为中国、中国台湾地区、中国香港、日本、德国、美国

---

① 经显著性检验，人均GDP与人均肉类消费量相关性极显著（$r_{0.01}$=0.515，$|R|>r_{0.01}$）

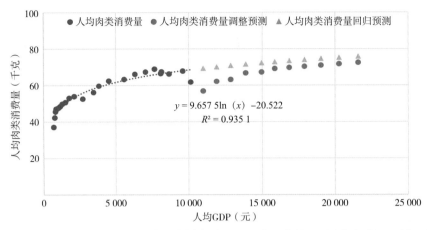

$$y = 9.657\,5\ln\,(x)\,-20.522$$
$$R^2 = 0.935\,1$$

图3-16　1996年以来中国人均肉类消费量及未来人均肉类消费量预测（数据来源：博亚和讯）

结合非洲猪瘟对我国生猪产业及肉类供应的影响以及肉类贸易等因素综合考虑，预计2020年中国人均肉类消费量仅为56.8千克，2025年中国人均肉类消费量将提高到69.1千克，2030年中国人均肉类消费量将达到72.5千克。综合测算，未来中国的人均年肉类消费量将不会超过80千克（表3-19）。

表3-19　中国人均肉类消费量与中国台湾地区对比及预计

国家/地区	项目	人均GDP					
		3 000元	5 000元	8 000元	10 000元	15 000元	20 000元
中国台湾地区	年度	1984	1987	1990	1992	2004	2011
	人均GDP（美元）	3 225	5 350	8 216	10 778	15 388	20 939
	人均肉类消费量（千克）	56.3	63.5	66.3	70.6	79.9	79.6
中国大陆	年度	2008	2011	2015	2019[*]	2025[*]	2029[*]
	人均GDP（美元）	3 467	5 583	8 167	10 154	15 874	20 281
	人均肉类消费量（千克）	56.1	63.3	67.4	61.8	69.1	71.7
人均肉类消费量差额[①]（千克）		-0.2	-0.2	1.1	-8.8	-10.8	-7.9

数据来源：国家统计局，FAO，IMF，World Bank

受非洲猪瘟疫情影响，**预计在肉类消费结构中，人均猪肉消费量占比将快速下降**。预计到2020年中国人均猪肉消费量为25.3千克，2025年达到35.5千克，2030年达

---

① 中国大陆与中国台湾地区的人均肉类消费量差额逐渐增加，可能是由于统计及预测系统误差所致

到36.3千克。

中国禽肉消费仍有较大的增长空间，产量增速快并将成为肉类消费供应增长的主要支撑点。预计未来中国人均禽肉消费量将快速提高，其中城镇化水平提高对禽肉产量增长有明显促进作用，非洲猪瘟影响也是增加禽肉消费的机遇；预计到2020年中国人均禽肉消费量将达到21.0千克，到2025年达到22.8千克，到2030年达到25.0千克。

牛羊肉消费量在中国人均肉类消费结构中占比较小，预计未来人均消费量将保持稳定或小幅下降态势。预计到2020年中国人均牛肉消费量将接近6千克，2025年以后将保持在略高于6千克的水平；预计到2020年中国人均羊肉消费量将达3.8千克，2025年及以后或稳定在4千克左右（表3-20）。

表3-20　未来中国人均肉类消费量与结构预计　　　　（单位：千克，%）

年度	项目	肉类	猪肉	禽肉	牛肉	羊肉
2018	人均肉类表观消费量	67.8	42.0	16.2	5.4	3.6
	肉类消费结构	100	61.9	23.9	7.9	5.4
2020*	人均肉类表观消费量	56.8	25.3	21.0	6.0	3.8
	肉类消费结构	100	44.6	37.0	10.5	6.7
2025*	人均肉类表观消费量	69.1	35.5	22.8	6.1	4.0
	肉类消费结构	100	51.4	32.9	8.7	5.7
2030*	人均肉类表观消费量	72.5	36.3	25.0	6.2	4.1
	肉类消费结构	100	50.0	34.5	8.6	5.6

数据来源：博亚和讯

（二）未来人均蛋类消费量将略增，后期基本保持稳定

中国人均蛋类消费量在2018年达到了22.4千克，已经远远超过了世界平均水平。目前人均蛋类消费量已接近相对饱和的状态，但未来几年受肉类供应量下降的影响，或有少量提升空间。因此预计未来中国的人均禽蛋消费量将略增后保持在相对稳定状态，到2025年维持在24千克左右，并保持相对稳定（表3-21）。同时，消费的方式和结构会发生改变。我国目前的禽蛋加工量仅占禽蛋总产量的5%，而美国和日本的比例则分别达到30%和50%。未来，我国的鲜蛋的直接消费量会逐渐下降，而加工蛋或蛋制品的种类将逐渐丰富、消费量逐渐提升。

表3-21　未来中国人均蛋类消费量预计　（单位：千克）

年度	人均蛋类表观消费量
2018	22.4
2020[*]	24.1
2025[*]	24.3
2030[*]	24.3

数据来源：博亚和讯

（三）未来人均奶类消费量仍有增长空间，消费结构发生变化

总体上看，我国已是全球奶类生产、加工和消费大国，但人均奶类消费量依然较低，约为亚洲国家平均水平的1/2、世界平均水平的1/3。与发达国家相比较，我国人均奶类消费量则更低。2018年，我国人均奶类表观消费量为34.9千克。预计未来我国奶类和乳制品消费仍有提升空间，预计到2020年我国居民的人均奶类消费量或将达到约37千克，2025年将达到约40千克（表3-22）。奶类产品的消费结构也将发生变化，巴氏消毒奶的消费量会增加，奶酪等深加工产品也将会有更好的市场前景，并带动中国奶业进一步升级。

表3-22　未来中国人均奶类消费量预计　（单位：千克）

年度	人均奶类消费量
2018	34.9
2020[*]	37.1
2025[*]	40.2
2030[*]	42.7

数据来源：博亚和讯

三、未来中国畜产品供给、结构及产量测算

根据《全国农业现代化规划（2016—2020年）》[21]《全国生猪生产发展规划（2016—2020年）》[22]《全国草食畜牧业发展规划（2016—2020年）》[23]，预计

2020年全国肉类产量9 000万吨，其中猪肉5 760万吨，牛肉800万吨，羊肉500万吨，鹅肉200万吨，其他肉类180万吨（其中兔肉100万吨）；禽蛋产量3 000万吨；奶类产量4 100万吨；养殖水产品产量5 240万吨。**按此测算，到2020年我国禽肉产量将只有1 760万吨，比2016年还减产120万吨，这不符合国内实际生产情况和未来产业发展趋势。同时，受现实条件制约，上述规划中猪肉、奶类、牛羊肉等相关产品产量要达到规划目标还存在诸多不确定因素。**

结合非洲猪瘟对相关产业的影响、中国畜牧养殖业发展现状、环境资源状况、国际市场形势及相关产品的进出口贸易量等因素，我们进一步测算了未来我国肉类、蛋类、奶类等畜产品的消费量、国内产量和贸易量等。综合预计，未来我国的肉类产量将先降后增，蛋类产量、奶类产量等将保持小幅增长趋势，部分肉类产品的进口量和乳制品的进口量都将进一步增加。

一是在肉类消费供应方面，猪禽产品将以国内产量供应为主，牛羊肉将以国内产量为主，并以进口作为重要补充。我国的猪肉产品进出口贸易主要是为了满足国内结构性短缺的猪副产品和高端猪肉制品消费需求，出口的主要是高附加值熟制品；预计到2025年我国的猪肉产量将恢复到5 000万吨左右，2030年达到5 000万吨以上，进口量将维持在150万吨左右，出口量大致稳定在30万吨左右。在禽肉产品贸易方面，未来中国与世界主要禽肉出口国将保持互补型特征，进出口数量基本平衡；预计到2025年，我国的禽肉产量或将达到3 250万吨，2030年达到3 600万吨，进出口产品数量维持相对稳定和平衡。在牛羊肉消费供应上，未来国内牛羊肉产量将难以满足国内消费需求，需要进口作为消费供应的补充，而出口将维持目前趋近于零的状态；预计到2025年以后牛羊肉产量将达到1 250万吨左右，进口量将超过200万吨（图3-17）。

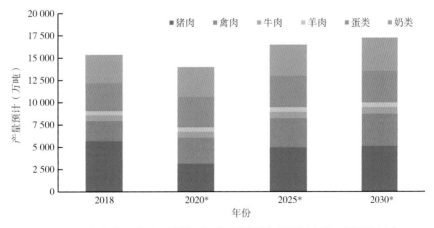

图3-17　未来中国肉类、蛋类、奶类产量预计（数据来源：博亚和讯）

二是我国蛋类消费供应主要以国内生产为保障，依靠国内产量增长可以满足消费需求的增长，国际贸易将基本保持现状。预计2025年以后国内禽蛋产量将接近3 500万吨，而贸易量仍将极为有限，对国内消费基本没有影响。

三是短期内我国奶类产量仅能实现微幅增长，预计净进口量将持续增长。综合考虑目前国内奶类生产能力和可利用资源状况，未来一段时间内我国的生鲜乳产量将不会有大幅度提高，国内奶类消费增加将仍然部分依靠进口；预计到2025年国内奶类产量或达到3 500万吨，同时乳制品进口量（折合原奶产量）或将超过2 200万吨，到2030年进口量还将进一步增长。

研究结论及建议

一、研究结论

自2018年8月我国首次发生非洲猪瘟疫情以来已经将近2年的时间，非洲猪瘟防控将是一场持久战。非洲猪瘟对我国养猪业的稳定发展以及畜产品生产和消费结构调整均造成了极大影响，生猪出栏量明显下降，猪肉供应量大幅下滑，猪肉价格暴涨，同时也拉动了肉蛋奶及相关产品价格的上升，成为影响我国CPI上涨的重要因素。2019年我国肉类进口增加，世界猪肉及相关肉类贸易也受到极大关注。非洲猪瘟不仅影响了生猪产业结构调整和布局，也给养殖者直接造成了经济损失。通过研究我国人均肉类、蛋类、奶类的表观消费量变化情况，与典型国家/地区进行对标分析、综合考虑我国实际情况，对未来人均肉类消费量、人均蛋类消费量、人均奶类消费量进行回归预测的基础上，结合非洲猪瘟疫情对畜牧业造成的影响、国内资源现状、国际市场供需及贸易形势等进行适当调整，测算出非洲猪瘟疫情背景下我国肉类、蛋类、奶类的产量和贸易量及未来变化趋势，畜牧业细分产业的发展潜力和增产的可能性，并对我国畜牧业的发展提出相关建议。

一是禽肉产量数据低估，水禽增产潜力大。肉禽产业包含了鸡和水禽两大类，研究发现，禽肉产量数据被低估，尤其是水禽肉产量已经占到了我国肉类总产量近10%，超过了牛肉（7%）和羊肉（5%）在肉类产量中的比例。水禽产业种源自给率较高、产业化程度逐步提升，未来水禽产品增产的潜力和空间较大。

二是未来猪肉进口量将高位回落，牛羊肉进口量继续保持高位。在肉类供应方面，猪禽产品将以国内产量供应为主，牛羊肉将以国内产量为主，并以进口作为重要补充。我国开展猪肉产品进出口贸易主要是为了满足国内结构性短缺的猪副产品和高端猪肉制品的消费需求，出口的主要是高附加值的熟制品；禽肉进出口量将维持相对稳定和平衡；牛羊肉需要大量进口补充供应短缺，出口将基本维持目前趋近于零的状态。

我国蛋类消费供应基本以国内生产为保障，依靠国内产量增长可以满足消费需求的增长，国际贸易将基本维持现状，继续保持净出口状态。

我国奶类产量短期内仅能实现微幅增长，预计净进口量将持续大幅增长。综合考虑目前国内奶类生产能力和可利用资源状况，未来一段时间内我国的生鲜乳产量将不会有大幅度提高，国内奶类消费增加将仍然部分依靠进口。

三是我国肉类总供给量将在2024年前后恢复到2018年水平，禽蛋消费将长期稳定，奶类消费还有较大的增长空间。非洲猪瘟疫情造成猪肉供应量大幅减少，未来3～5年内我国肉类供给量将经历触底并逐步恢复的过程，肉类总供给量和人均消费量将在2024年恢复到2018年水平，结构上将是猪肉和禽肉成为肉类消费供应的两大支柱，未来随着人口自然增长率下降甚至转入负增长以及老龄化程度的提高，人均肉类消费量也将逐步转入稳定态势，我国的肉类供应量将达到历史顶点，人均消费量将不会超过80千克/年。

未来我国人均禽蛋消费量将在略增后保持相对稳定。2025年以后或维持在24千克左右。同时，禽蛋消费方式和产品结构将会随市场形势发生改变，鲜蛋直接消费量会逐渐下降，而加工蛋或蛋制品消费量会逐渐增加。

未来我国人均奶类消费量仍有较大的提升空间。预计2025年我国人均奶类消费量（折合原奶产量）或将达到40千克/年。奶类产品消费结构也将发生变化，巴氏鲜奶和奶酪等深加工乳制品有望实现快速发展。

四是要确立家禽业在未来畜产品生产和消费方面的战略地位，充分发挥在平衡肉类和动物蛋白供求关系中的重要作用。非洲猪瘟造成猪肉产量大幅下降，牛羊肉供应量无法快速增加，家禽产业重要的战略地位凸显，一方面禽肉和禽蛋可以有效补充消费者对动物蛋白的消费需求，减缓进口肉类对国内市场的冲击，保障"中国人的饭碗牢牢端在自己手中"；另一方面，禽肉、禽蛋的充足供给对于降低肉类价格波动、稳定CPI也会起到积极的作用。通过对家禽业细分产业的发展现状和未来发展潜力分析认为，2019—2020年，禽肉产量分别同比增长15%和10%。预计"十四五"期间禽肉产量将以年均5%的速度保持增长，2018—2025年实现增加近千万吨的生产能力，可有效地弥补猪肉供应的短缺和平抑肉类价格上涨。此外，发展家禽业还在环境保护、高效利用资源、促进消费者健康、应对人口老龄化以及向西北地区提供清真禽肉产品，以平抑牛羊肉价格上涨带来的社会压力等诸多方面具有现实战略意义。

二、政策建议

非洲猪瘟对我国畜牧业的影响将持续3~5年的时间，对我国畜牧业发展带来了考验。危中有机，未来5年也是我国畜牧业进行结构调整的窗口期，是稳定猪肉生产、促进家禽业特别是水禽业增量提质的机遇期。加快结构调整、优化消费结构、提升发展水平、保障食物安全，是"推进畜牧业高质量发展、提高畜产品供应保障水平"的必由之路。

一是建立"肉粮安天下"的畜牧业发展指导思想，创建公平的发展环境。毛泽东同志在1959年撰写的《关于发展养猪业的一封信》也提到："美国的种植业与畜牧业并重。我国也一定要走这条路线，因为这是证实了确有成效的科学经验。我国的肥料来源第一是养猪及大牲畜。一人一猪，一亩一猪，如果能办到了，肥料的主要来源就解决了。这是有机化学肥料，比无机化学肥料优胜十倍。一头猪就是一个小型有机化肥工厂。而且猪又有肉，又有鬃，又有皮，又有骨，又有内脏（可以作制药原料），我们何乐而不为呢？肥料是植物的粮食，植物是动物的粮食，动物是人类的粮食。由此观之，大养而特养其猪，以及其他牲畜，肯定是有道理的。"61年前，毛泽东同志在信中提出"大养而特养其猪"主要是为了实现"养猪为积肥，积肥为种粮"的农业大战略。随着时代的变化，当前发展养猪业的目的更多是为了增加肉类供应，因此未来我国畜牧业的发展更多地需要国家宏观层面在畜牧业发展的指导思想上以"肉粮安天下"为出发点，给予各类畜禽产业发展一致的对待，改变我国畜牧业一猪独大的单极化发展模式，促成猪禽并重兼顾草食家畜发展优化集约发展模式，建立公平的产业竞争和发展环境。

二是建立家禽产业西进发展战略。第一，西北五省（区）处于丝绸之路经济带的枢纽位置，在利用中亚、乌克兰、俄罗斯南部的进口粮食和中亚、中东等鸡肉产品出口市场等方面具有独特区位优势，可以把国家"一带一路"倡议落到实处。第二，在穆斯林群众聚居区的新疆和宁夏等地，就地发展清真认证的肉鸡养殖和屠宰加工，产品更容易被当地消费者接受，以缓解牛羊肉供应不足和价格高涨的态势，对增进民族团结和社会稳定起到辅助作用。第三，西北五省（区）的土地资源丰富，而家禽养殖过程中废弃物资源化利用又可向当地治理沙漠化提供粪肥资源，结合未来南水北调西线工程的实施，解决西北生态环境改善过程中缺水少肥的难点。发展的路径应采取政府倡导和协调，企业商业化运营方式；由肉鸡产业的领先企业在西北地区主导发展全产业链肉鸡养殖加工，同时做好清真认证和向中亚和中东国家出口鸡肉的准备工作。家禽产业的西进发展战略，将会成为未来中国家禽产品主要的增长点之一，产品满足当地需求的同时，向中亚和中东国家出口和向东部消费城市销售都是可能的选择。

三是推动实施肉类深加工出口促进战略。我国的家禽产品，尤其是深加工禽产品在国际市场具有较大的竞争优势，主要来自相对欧美国家的人力资源优势，便于组织劳动密集型的鸡肉分割和精细产品深加工生产；相对于其他发展中国家的资本和技术优势，有利于组织资本和技术密集型生产。此外，我国的水禽产品产量在国际上具有绝对的领先地位，深加工禽肉制品和羽绒产品出口具有很大的潜力。猪肉的深加工产品和禽蛋的深加工产品同样具有国际市场竞争力，有待于进一步的开发、完善和推动。实施畜产品出口战略，可以发挥我国的畜产品生产和加工的综合优势；以出口带动国内产业向追求质量、追求价值的方向发展；充分利用中外消费习惯的差异，扩展互补型贸易。

我国畜产品出口的策略，第一，培养和聚集更多的高质量的企业，形成核心企业群，以出口高质量产品积累的技术、管理、经验和理念，反向推动国内产业从追求数量向追求质量，进而追求价值的方向进行转型和升级；第二，行业协会、商会应组成中国畜产品出口促进组织，在主要出口市场进行以中国传统文化为内涵的畜产品推广和市场开拓；第三，继续优化出口产品结构，扩大高附加值的加工肉类和冷鲜产品出口量；第四，稳定港澳市场，扩大欧洲市场，开拓中亚和中东市场。

四是根据肉类消费结构向减猪增禽方向转变的趋势，及时强化消费者沟通和教育，推进健康饮食习惯的宣传和培养。通过对我国消费者主要营养素摄入的特征分析，未来通过肉类消费结构向减猪增禽方向的调整，可以达到增加动物蛋白摄入量和减少动物脂肪摄入量的目的，对于培养国民健康的饮食习惯，降低饮食相关的慢性病的发病率以及应对老龄化社会的饮食健康问题，都有重要和长远的意义。因此，建议政府有关部门共同制定长远的产业、社会和卫生健康发展规划和措施，以科学透明的信息，强化与消费者的沟通和教育，推动建立国民健康饮食习惯。

三、新冠肺炎疫情对畜产品生产及消费的影响

2020年年初，突如其来的新冠肺炎疫情严重冲击了全球经济和社会发展秩序，乃至国际关系和国际贸易。根据世界银行2020年6月发布的研究报告，2020年全球经济预计萎缩5.2%，世界主要经济体，包括欧美日等经济发达国家和新兴经济体人均GDP均为负增长。只有中国还能保持1%左右的正增长，但相比2019年同样是大幅下滑。国际贸易同比萎缩13.4%，制造业PMI下降到40以下。新冠肺炎疫情对经济发展的负面影响波及了90%以上的国家和地区，并且所造成的影响和各种不确定性还将较长时间持续存在。

新冠肺炎疫情对我国畜牧业各个细分产业的冲击存在一定差异。第一，肉禽业应该是受冲击最大的产业。由于生产周期短，产业链联结紧密，销售渠道相对稳定

和个性化，新冠肺炎疫情造成的交通受阻、屠宰加工厂不能开工，造成肉禽业短期内损失严重，生产计划推迟并打乱了原有节奏。根据博亚和讯的相关研究结果。预计2020年禽肉产量将超过2 800万吨，净进口量与2019年基本持平，预计禽肉的总供给量为2 890万吨，人均表观消费量为21千克。以上数据均低于新冠肺炎疫情前的预测数。第二，新冠肺炎疫情对生猪产业的影响相对较小，隔离措施和交通管制反而对包括非洲猪瘟等疫病的控制有强化作用。但由于能繁母猪群体重建还是需要一段时间，仔猪供应量在下半年才能实现同比增长，而出栏只能发生在2021年。预计2020年我国猪肉产量同比继续减少25%，达到3 150万吨；猪肉和猪副产品进口量预计同比增加近30%，达到400万吨以上；预计猪肉产品总供给量为3 650万吨，人均表观消费量为26千克。第三，肉牛业受新冠肺炎疫情的影响可能要到2021年以后才能显现出来。由于受疫情影响，母牛的配种被推迟，2021年的新生犊牛数量同比下降。预计2020年牛肉和羊肉的产量还将保持增长，同时进口量也将保持同比增长，增长的幅度将受到疫情不确定性的影响而很难估计。第四，禽蛋产量高概率会持续增长，虽然2020年上半年的市场行情不佳，蛋鸡行业大面积亏损，蛋鸡淘汰日龄缩短。但存栏蛋鸡的数量同比还是有较大幅度增长，预计2020年高产蛋鸡的鸡蛋产量同比增长13%。

　　在新冠肺炎疫情和非洲猪瘟疫情双重冲击下，我国的畜产品生产在产量和产品结构上都将发生快速的幅度更大的改变，畜产品消费也将相应发生改变。我们将持续关注疫情背景下的产业发展和消费需求的变化，更新有关信息和数据，并在适当的时间发布新的研究报告。

参考文献 REFERENCES

［1］ 我国畜牧业发展要从速度增长型向效益增长型转变[J]. 饲料与畜牧，1996（3）：4.

［2］ 农业农村部畜牧兽医局，全国畜牧总站. 中国畜牧业统计 2017[M]. 北京：中国农业出版社，2018.

［3］ 马闯. 国民健康与畜牧业再平衡刍议——对《中国食物与营养发展纲要（2014—2020）》的思考[J]. 中国畜牧杂志，2014，50（4）.

［4］ L·S·Stavrianos. 全球通史：从史前史到21世纪[M]. 第7版修订版. 董书慧，王昶，徐正源译. 北京：北京大学出版社，2006.

［5］ United States Department of Agriculture Foreign Agricultural Service. Livestock and Poultry： World Markets and Trade[R/OL]. Oct 10，2019.

［6］ 毛泽东. 毛主席关于发展养猪事业的一封信[J]. 吉林农业科学，1972（1）：3-4.

［7］ "数据小康"和"全面小康"还差在哪？[EB/OL]. 新华网，2015-09-24.

［8］ Population Division of the Department of Economic and Social Affairs of the United Nations Secretariat. 2019 Revision of World Population Prospects[M/OL]. UN，2019.

［9］ 国务院关于印发国家人口发展规划（2016—2030年）的通知[EB/OL]. 中国政府网，2017-01-25.

［10］ 白军飞，闵师，仇焕广，等. 人口老龄化对我国肉类消费的影响[J]. 中国软科学，2014（11）.

［11］ 李克强. 全面建成小康社会新的目标要求[EB/OL]. 中国共产党新闻网，2015-11-06.

［12］ 刘世锦. 经济走势与新增长动能[N/OL]. 中国基金报网，2017-05-15.

［13］ 刘世锦. 高质量发展阶段的增长来源[EB/OL]. 中国经济50人论坛，2019-3-19.

［14］ 林毅夫. 中国经济增速连续6年下滑，原因是什么？[EB/OL]. 澎湃新闻，2016-12-18.

［15］ 林毅夫. 未来十年中国仍有可能保持6. 5%的增长[EB/OL]. 人民网，2018-6-5.

［16］ 林毅夫. 改革开放创40年经济增长奇迹[EB/OL]. 经济参考报，2018-5-6.

［17］ FAO. Livestock's Long Shadow-Environmental Issues and Options[M/OL]. FAO，2006.

［18］ 马闯. 世界肉类生产和消费需求及发展趋势 [J]. 中国禽业导刊，2010，5.

［19］联合国粮食及农业组织. 粮食及农业状况2009—畜牧业协调发展[M/OL]. 罗马，2009.

［20］李志西，杜双奎. 试验优化设计与统计分析 [M]. 北京：科学出版社，2010.

［21］国务院关于印发全国农业现代化规划（2016—2020年）的通知[EB/OL]. 中国政府网，2016-10-20.

［22］农业部关于印发《全国生猪生产发展规划（2016—2020年）》的通知[EB/OL]. 农业农村部网站，2016-04-20.

［23］农业部关于印发《全国草食畜牧业发展规划（2016—2020年）》的通知[EB/OL]. 农业农村部网站，2016-07-11.